世界でもっとも美しい
10の数学パズル

マーセル・ダネージ
寺嶋英志 訳

THE LIAR PARADOX AND THE TOWERS OF HANOI
THE TEN GREATEST MATH PUZZLES OF ALL TIME
MARCEL DANESI

青土社

目次

謝辞　5

はじめに　7

1. スフィンクスの謎かけ　13
2. アルクインの「川渡りのパズル」　41
3. フィボナッチの「ウサギのパズル」　67
4. オイラーの「ケーニヒスベルクの橋」　97
5. ガスリーの4色問題　123
6. リュカの「ハノイの塔のパズル」　149
7. ロイドの「地球から追い出せのパズル」　177
8. エピメニデスの「うそつきのパラドクス」　197
9. 洛書の魔方陣　223
10. クレタの迷宮　247

答と説明　267

参考書　323

用語解説　329

訳者あとがき　337

索引　341

世界でもっとも美しい10の数学パズル

謝辞

　私は、長年にわたって私を助け、影響を及ぼし、そして批評してくださった多くの人たちに感謝したい。まっさきに私が感謝しなければならないのは、トロント大学で私が教えていた学生の皆さんに対してである。彼らはいつでも知的な励みの源であった。また、長年助力くださったルイヴィル大学のフランク・ニュッセル教授に感謝しなければならない。もちろん、私は、出版をすすめてくださったジョン・ワイリー社の編集者たちに感謝する。本書は私がワイリー社から出す2冊目の本である。とりわけ、スティーヴン・パワー、ジェフ・ゴーリック、マイケル・トンプソンの各氏には、専門家としての助言をしてくださったことに対し謝意を表したい。またキンバリー・モンロー‐ヒルとパトリシア・ウォルダイゴの両氏には、私の原稿をみごとに編集し、読みやすくしてくださったことに謝意を表する。本書に何か不適切な表現が含まれていたとしたら、それはすべて私一人の責任であることは言うまでもない。

　最後に、本書の調査と執筆のあいだ、私に対して忍耐を示してくれた私の家族——妻のルーシー、孫のアレクサンダーとセーラ、娘のダニラ、娘婿のクリス、父のダニロ——に心からの感謝を捧げたい。私が家族の問題に無理解かつ無思慮であったことに対して彼らの許しを心から乞わねばならない。

はじめに

　パズルは人類の歴史と同じだけ古い。パズルはどの時代のどの文化にも見出される。それはなぜか？　パズルとは何か？　パズルは人間の心の何を明らかにしているのか？　パズルは数学の研究にとって何か意味があるのか？

　本書は、こうした疑問に答えようと試みている。本書の主な焦点は、数学におけるいくつかの考えが、パズルの形をとってどのように始まったかを示すことにある。私は本書で、パズルという言葉をその基本的な意味で用いることにし、「自明でない答を隠している挑戦的な問題」を意味することにする。したがって、私はパズルという言葉を「未解決のもの」という比喩的な意味には用いない。たとえ、これら2つの意味が意味論上の大きな領域を分け合っているにしても、である（数学者キース・デヴリンが最近、未解決の7大数学パズルについての著書＊で示したように）。(＊『ミレニアム問題』：邦訳『興奮する数学－世界を沸かせる7つの未解決問題』山下純一訳、岩波書店)。

　人文科学と芸術の分野では、巨匠たちの傑作——偉大な小説、偉大な交響曲、偉大な絵画などを、学ぶべき対象とする長年にわたる伝統がある。それらについてはたくさんの本が書かれ、さまざまな授業で教えられている。数学にもまた、それ自身の「偉大な」問題がある。それらの大部分はもともと創意あふれるパズルとして案出されたものである。そこで、文学や音楽や美術の教育実習にならい、本書では、10大パズルを通じて基礎的な数学の考え方を紹介することにする。言うまでもなく、

歴史を通じて非常に多くの独創的なパズルが発明されているので、私が最良の10のパズルを選んだと主張することは僭越の極みであるかもしれない。とは言っても、私がおこなったのは一種の数学的発掘であり、数学史を形づくるうえで明らかに重要であったと言える10のパズルを掘り起こしたことである。そして私が思うには、大多数の数学者たちもまた、私が選んだこれら10のパズルがこれまでに案出されたパズルのなかで最も重要なものに属することを認めるに違いない。

本書の使い方

何はともあれ、本書を読めば、それぞれのパズルが一体何を意味するのかについての基本的理解を得ることができ、そしてそれぞれのパズルの数学に対する重要性をつかむことができる。本書は、パズル解きや初等数学の基本的技能を得たいと思う人には、独学の手引書としても役立つであろう。しかしながら、本書がパズルのコレクションでないことだけは断っておきたい。その種の本はたくさん売られている。むしろ、本書は、パズルと数学とのあいだの関係についての案内書である。要するに、本書はパズルの「初心者」のために書かれており、パズル通のために書かれているわけではないのである。

　教師たちは、学校のテキストのように、本書がより伝統的な数学入門書に見出されるのと同じ種類の話題を扱っていることに気づくだろう（ちょっと変った、より創造的な観点をとっているとはいえ）。学生たちは、おのおののパズルと、数学の勉強におけるその意義を議論することができ、そのあと《参考書》のページにおいて出典を探し出すことができる。学生たちはまた、自分自身のパズル活動をつくることもできるし、あるいはまた偉大なパズルのひとつひとつをさらに深く調べたり、また彼らが発見したものを教室で報告したりすることもできるであろう。

　本書は、私が10年以上にわたりトロント大学で教えてきた卒業単位

にならないコースのために準備した教材を基礎にしている。このコースはいわゆる数学恐怖症(マス・フォビック)の学生たちを対象とした授業である。パズルに取り組むことによって、そのような学生たちが自信をもつようになり、ほとんどあるいは何の困難もなくより複雑な数学の領域へと進むことができるようになる、ということを私は絶えず目にしてきた。かつての学生から送られてくるお礼のeメールは私の大きな誇りである。教師にとっては、自分が教える事柄に学生たちが熟達するのを目にすること以上の幸せはないのである！　本書によって読者も同じ結果に達することを、私は心から願っている。本書の読者はいつでも好きなときに私と接触することができる（marcel.danesi@utoronto.ca）。

本書の構成

ひとつの章にひとつのパズルが扱われており、そして各章は、《パズル》《数学的注釈》《省察》そして《探求問題》の4つの節に分けられている。さらに深く知りたい読者のために巻末に《参考書》の章をもうけてある。

パズル

おのおののパズルは楽についてゆける形で説明されている。オリジナルな解法やそれから得られる数学的な意義に固執すると、パズルのなかには理解することが極端に難しくなるものがある。そのような場合には、私はいとわずに適当な変更をおこなった。それにもかかわらず、私はおのおののパズルとその解法の精神を保つように努めた。読者の背景知識については、もちろんほとんどないものと私は見なした。パズルの議論にもち込まれる数学的な記号、表記、公式、概念といったものはすべて十分に説明されている。たとえば、もし指数の知識がある段階で必要ならば、その話題についての簡潔な注釈をつけた（主に囲みの形で）。

ここに選んだパズルのもっと深い議論が欲しいと思う読者は、W・W・ラウズ・ボールの著書『数学的レクリエーションとエッセー』をのぞいて見るとよい。この本は1892年に出版されたもので、それ以来多くの版を重ねている。読者がまた、もしパズル解きにもっと身を入れて、パズルと数学と論理学との関係についての補足的な取扱いに興味があるならば、マーティン・ガードナー（1914 –）やレイモンド・スマリヤン（1919 –）の著作を参考にするとよい。彼らの著作は本書巻末の《参考書》に載っている。ガードナーは1956年から始めて30年間、一般向け科学雑誌『サイエンティフィック・アメリカン』に有名なパズル欄を書いた。スマリヤンは、論理学的な推論をはぎとってその本質がわかるように工夫された、一連の独創的なパズル本を書いている。また、『レクリエーション数学雑誌』『ユリーカ』『ゲーム』といったさまざまな雑誌や専門誌があるので、こうしたものを通じて読者はパズル数学とのかかわり合いを広げることができる。しかしながら、ある程度の初歩的訓練を受けずにこれらの雑誌に掲載された問題に直接に取りかかることは至難の業であるということを、パズリスト初心者たちには忠告しておきたい。本書がまさにそのような初歩的訓練となることを、私は願っている。

数学的注釈

それぞれのパズルの議論のあとには、数学の特定分野あるいは数学全般に対するその意義についての注釈がくる。ここでパズルの議論にもち込まれたあらゆる考えが十分に説明される。「素数」や「合成数」のようなふつうの概念でさえ、初めて出てきたときには意味が明らかにされる。そのような術語の簡単な解説は読者の便宜のために巻末につけておいた。私が唯一仮定したことは、読者が基礎的な算術演算（足し算、引き算、掛け算、割り算など）のやり方を知っていることと、方程式とは何かが大体においてわかっていること、の2つである。より詳しく言え

ば、方程式とは、2つの表現が等しい、あるいは同じであることを主張する言明である。これは、左辺と右辺に分かれた一続きの記号を等号（＝）でつないだものとして書かれるのがふつうである。たとえば、$x + 5 = 8$ では、$(x + 5)$ という式はこの方程式の左辺であり、8という数は右辺である。x という文字が数3でおき換えられると、この方程式の左辺は右辺に等しくなる（$3 + 5 = 8$）。そのほかのことでは何ひとつ読者が知っていて当然としているものはない。

省察

数学的注釈のあと、私は、そのパズルについて、あるいはその数学的意味について私自身の省察（感想）をつけ加えてある。

探求問題

この節は、読者がパズル解きに直接かかわることができるように、さらに探求するための練習問題を提供している。これらの問題の解答と詳しい説明は巻末に載せてある。ここで一言述べておきたいことがある。たとえ、最初は、ある特定の問題にてこずったとしても、決してくじけてはならないということである。巻末の説明を読むまえに、あなたはその問題を解くべく全力(ベスト)を尽くさなければならない。そうしてこそあなたはパズルの精神をつかむことができるのである。

　これらの探求問題は各章を横断して連続的に番号がふられている。それは、もしパズル解きを第一目的として本書を使用したいと思う読者がいた場合、彼らが順序どおりじかに問題に入ってゆくことができるからである。問題は85あり、この数は市販されている大ていのパズル本に見出される数にひけを取らない。

参考書

私が用いた出典のリストは巻末にまとめて示した。特定のパズルの知識、

あるいは関連する数学の分野の知識を広げることに興味がある読者は、直接に出典あるいは情報源にあたってみることができる。

1

スフィンクスの謎かけ

私たちがそれぞれ部分的に正気でないと考えてみよう。
そうすればお互いに私たちを説明できるし、
多くの謎も解けてくるだろう。そして、
現在私たちをしつこく悩ましている困難や不明瞭さに関連した
多くのことがらが明瞭かつ単純なものに見えてくるだろう。

マーク・トウェーン（1835 – 1910）

今日エジプトのギザ市を訪れる人は誰であれ、「大スフィンクス」として知られる堂々とした彫刻に圧倒されずにはいられない。この怪物には、女の頭と胸、ライオンの胴、ヘビの尾、鳥の翼がある。大スフィンクスがつくられたのは紀元前2500年以前にさかのぼり、その全長は240フィート（73メートル）で、高さは約66フィート（20メートル）である。顔の幅は13フィート8インチ（4.17メートル）という巨大なものである。

　伝説によると、同じ巨大なスフィンクスが古代のギリシアの都市テーベの入口を守っていたという。人類の歴史において最初に記録されたパズルは、まさにその伝説に発している。いわゆる「スフィンクスのなぞ」として知られるようになったものは、本書にとっての出発点をなすだけでなく、またパズルと数学的考えとのあいだの関係についてのどんな研究にとっても出発点をなすのである。人類最初のパズルとして、このなぞ（謎）はつねに古今の10大パズルのなかに入れられる。なぞなぞは非常にありふれたものであるため、私たちはそれらがどういうものかについてほとんど考えることはない。それらが訴えるものは時代と時間を超越している。子供たちが「どうしてひよこは道路をわたったの？」というような単純ななぞを出されると、ためらうことなく彼らはそれに対する答を探す。それはあたかも何か無意識の神話的な本能によってそうするように駆り立てられているかのようである。

　神話的な伝説に包まれたなぞと数学とのあいだに一体どんな関係があるのだろうか、と読者は不思議に思うかもしれない。これに対する答は

本章を進んでゆくにつれて明らかになるだろう。簡単にいえば、その基本的な構造において、「スフィンクスのなぞ」は、いわゆる洞察的思考がどのように展開するかのひとつのモデルなのである。

パズル

伝説によると、オイディプスがテーベ（テバイ）の都市に近づいたとき、この都市の入口を守っている巨大なスフィンクスに出会った。この恐ろしい怪獣はこの神話上の英雄オイディプスのまえに立ちはだかり、以下のようななぞを彼にかけ、もし正しい答を出すことができなければ直ちに殺す、と警告した。

「朝は4本、昼は2本、夜になると3本の脚(あし)をもつものは何か？」

恐れを知らないオイディプスは、「それは人間だ。赤ん坊のときは四肢ではい、成長すると2本脚で歩き、年をとると歩くのに杖が必要になるからだ」と答えた。この正しい答を聞くや、驚いたスフィンクスは自殺し、そしてオイディプスは、長いあいだテーベに災いをもたらしていた恐ろしい怪物をやっつけた英雄として迎えられることになったのである。

このなぞにはさまざまなバージョン（翻案）がある。以前からあるひとつは、古代ギリシアの詩人ソポクレス（c.496 – 406 B.C.）による悲劇『オイディプス王』からの脚色である。以下はこのなぞのもうひとつの表現で、これもまた古い昔にさかのぼる。

「声はひとつだが、最初は4本脚で生まれ、その後は2本脚になり、最後に3本脚になるものは何か？」

どんなバージョンであろうと、「スフィンクスのなぞ」はすべてのなぞ（とパズル）の原型である。このなぞは、自明でない答——すなわち、幼年期、成人期、老年期という人生の3つの時期がそれぞれ一日の3つの時間（朝、昼、夜）に相当すること——を含むように意図的に組み立てられている。そのうえ、オイディプス物語におけるその機能は、パズルが思考力のテストとして、ゆえに人の知力の探り針として始まったのかもしれないことを示唆している。旧約聖書におけるサムソンの物語はこのことをさらに証明するものである。結婚披露宴で、サムソンは未来の妻の親類に強い印象を与えたいと思い、ペリシテ人の客人たちに次のようななぞをかけた（士師記14：14）。

「食べるものから食べ物が出た。強いものから甘いものが出た。〔いかに〕」。〔鈴木佳秀訳〕

　サムソンは、ペリシテ人たちに7日間の猶予を与えたが、彼らにはそれが解けないことを確信していた。サムソンは、かつて彼が目撃したもの——ライオンの死体のなかに蜜をつくるミツバチの群れ——を描写するためにこのなぞをつくった。ゆえに、このなぞの言葉の意味は、食べる者＝ミツバチの群れ、強い者＝ライオン、甘味が出る＝蜜をつくる、である。しかしながら、人をだますことを得意とする客たちは7日をうまく利用してサムソンの妻から無理に答を引き出した。ペリシテ人たちが正しい答を口にすると、この力強い英雄サムソンは激怒し、すべてのペリシテ人に戦線を布告した。それに続く争いが結局は彼自身を破滅へと導いたのである。
　古代の人たちはなぞかけを思考力の判定法と見なした、したがって、知識を得るための手段のひとつと見なしたのである。このことが、なぜ古代ギリシアの司祭や巫女たち（託宣者とよばれた）が、なぞの形をとって彼らの預言を表現したかを説明している。明らかに、言わず語らず

オイディプス伝説

　ギリシア神話では、デルフォイの託宣者（預言者）は、テーベ（テバイ）の王ライオスに、彼の妻イオカステに産まれた息子が成長すると彼を殺すだろう、と警告した。そのため、イオカステに息子が産まれると、ライオスは、その赤子を山に連れていってそこで置き去りにして死なせるように命じた。運よく、一人の羊飼いがこの子を救い、コリントのポリュボス王のところへ連れていった。コリントの王はこの子供を養子にしてオイディプスと名づけた。

　オイディプスは青春時代にこの不吉な預言について聞き知った。ポリュボスが実の父であると信じていたオイディプスはこの預言を避けるために、こともあろうにテーベへと逃がれた。その旅の途上、彼は見知らぬ男とけんかして彼を殺してしまった。テーベの入口でオイディプスは巨大なスフィンクスによって止められ、もしこれから言うなぞが解けなければ彼を直ちに殺すと言明された。オイディプスはそのなぞを解き、結果として、スフィンクスは自殺した。怪物を退治してもらったテーベの人々は彼に王になってくれるように頼んだ。オイディプスはこの頼みを受け入れ、未亡人の王妃イオカステと結婚した。

　数年後、ある疫病がテーベを襲った。神託者は、ライオス王を殺した下手人がテーベから放逐されたときにこの疫病は終わるであろう、と言った。オイディプスは王の殺害を調べたところ、テーベにくる途中で自分が殺した男がライオスであったことを発見した。恐ろしいことに、ライオス王が彼の実の父であり、妃イオカステが自分の母であることをオイディプスは知ったのである。絶望のあまりオイディプスは自分を盲目にし、イオカステは首をつって死んだ。その後オイディプスはテーベから追放された。デルフォイの預言は

> 事実となったというわけである。

の考えは、お告げの言葉を洞察しうる人たちにしかその隠された預言を解き明かすことができないということである。

　しかしながら、すべてのなぞが神話的な英雄の洞察力をテストするためにつくられたわけではない。たとえば、旧約聖書の語るソロモン王とヒラム王は、互いに相手を出し抜くという楽しみのためだけに、なぞなぞコンテストを計画した。古代ローマ人は12月17日から23日にかけて祝う宗教行事「農神祭」の余興になぞかけをおこなった。4世紀までに、なぞかけは事実上その「レクリエーション的価値」のために広く民衆に普及するようになり、それらの神話的な起源の記憶はうすれていく。10世紀になると、アラビア語の学者たちが教育的な理由でなぞを用いたが、それは言語上のあいまいさを見つけるためで、法律の学生を訓練する方法であった。これはヨーロッパにおける最初の法律学校の設立と時期的に一致していた。

　また、15世紀に印刷機が発明されてまもなく、民衆の娯楽のために印刷された最初の本のいくつかは、なぞなぞ集であった。それらのうちのひとつ、『楽しいなぞの本』は1575年に出版された。以下はそれから引用したなぞのひとつである。

彼は森へいってそれを捕まえ、
彼は座ってそれを探した。
彼はそれを見つけられなかったので
それを家にもち帰った。［それは何か？］

（答：足にささった棘（とげ））

18世紀には、なぞなぞは多くの新聞や雑誌に定期的に掲載されていた。作家や学者たちはしばしばなぞをつくった。たとえば、アメリカの発明家ベンジャミン・フランクリン（1706‒90）はリチャード・ソンダーズというペンネームでなぞをつくった。彼はそれらを『貧しいリチャードの暦』に含めて1732年に出版した。この暦は予想外の成功をおさめるに至ったが、なぞなぞの部分の評判がよかったことが大いに与っていた。フランスでは、誰あろう偉大な風刺家ヴォルテール（1694‒1778）のような文学者がなぞなぞを書いた。そのひとつは次のようなものである。

　最も長くて、最も短く、最も速くて、最も遅く、どこまでも分割できて、どこまでも伸びており、最も惜しまれて、最も無視され、それが無ければ何もできず、それがあっても多くの人は何もせず、あらゆる小さなものを壊し、そしてあらゆる大きなものを気高くするもの、それは一体全体何なのか？

　（答：時間）

　19世紀にはなぞなぞの人気がますます増大したため、さらに多様なものが求められた。こうして、「シャレード」として知られる新しいなぞのジャンルが発明された。シャレードは、ばらばらの音節、単語あるいは台詞によって示唆された意味を明らかにすることによって、一度にひとつの音節もしくはひとつの台詞で解答される。19世紀には、これが発達して「マイム・シャレード」（パントマイム）になり、社交的な集まりにおけるきわめて人気の高いゲームとして現在も続いている。このゲームは、ひとつの単語のさまざまな音節または完全なひとつの単語あるいはひとつの成句の意味を身振りで表現するもので、別々のチームのメンバーたちによって演じられる。たとえば、もしそのシャレードの

答が「野球」*baseball* であるならば、この単語の音節であるベース *base* とボール *ball* が身振りで表現されるものというわけである。世紀の終わりまでに、なぞなぞはヨーロッパとアメリカのレクリエーション文化にしっかりと根づき、今日に至っているのである。

数学的注釈

伝説上のスフィンクスがオイディプスに尋ねた質問は、最初はとても答えられそうにない。4本あった脚が、次に2本になり、最後に3本になるというのは何と奇怪な動物だろうか？　このなぞから答を引き出すには、直線的にではなく機略縦横に考える必要がある。あらゆる本質的な数学的探究の基礎となっているのは、まさにこのタイプの想像的思考なのである。

問題の解法

問題の解法と戦略

演繹法：これは問題に以前の知識を適用する過程である。
帰納法：これは問題のなかで与えられた個々の事実から推論して、ひとつの一般的な結論に到達する過程である。
洞察的思考：これは問題の試行錯誤的な取組みからくる勘をもとに推測または追求する過程である。

なぞなぞは、パズルというものと学校の教科書に見られる典型的な数学の問題とのあいだの一般的な違いを浮彫りにする。後者の問題は、学生が体系的に何かあることをする（たとえば、大きな数を加える、方程式を解く、定理を証明するなど）のを手伝うように工夫されている。そ

の違いを理解するために、2つの典型的な教科書問題について考えてみよう。最初のひとつはこうである。

2つの直線が交わってできる2つの対頂角は等しいことを証明せよ。

このタイプの問題を解くのに使われる方法は演繹法とよばれる。これは考慮中の問題に以前の知識を当てはめる過程である。

この問題に関係のあるものをすべて示すように図を描くことから始めよう（下図）。2つの直線をAB、CDとよぶことにする。これらが交わってつくられる4つの対頂角のうち2つをx、yとよぶことにする。またxとyのあいだの角のひとつをzとする。

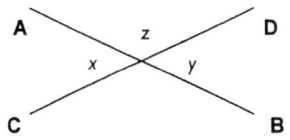

要するに、この問題が私たちに求めているのは、xとy（対頂角）が等しいことを証明せよということである。もちろん、同じ2直線が交わってできる他の2つの対頂角があるが、証明方法と最終結果は同じなのでここで考える必要はない。この証明は、以前の知識——具体的に言えば、直線とは180度の角であるという知識——にかかっている。まずCDを考えよう。これは直線であるから、（いま述べたように）180度の角である。そこで、図ではCDは2つのより小さな角xとyからなっていることに注目する。したがって、論理から言って、これらの2つの角は足すと180度にならなければならない——この言明は$x + z = 180°$という方程式で表すことができる。この方程式は「角xと角zを足すと$180°$に等しい」と読むことができる。

次に、ABについて考えよう。これもまた図で2つのより小さな角 y と z からなっている。これら2つの角も足すと180度にならなければならないので、上と同じように $y + z = 180°$ という方程式で表すことができる。これら2つの方程式を並べると、

(1)　$x + z = 180°$
(2)　$y + z = 180°$

これらは次のように書き変えることができる。

(3)　$x = 180° - z$
(4)　$y = 180° - z$

もしあなたが高校で習った代数を忘れているなら、私たちがこうすることをできる理由は、方程式の一方の辺に何かをすれば他方の辺にも同じことをしなければならないということである。方程式の両辺を、天秤のそれぞれ等しい重さの2つの皿であると考えてみよう。この重さを方程式の両辺の表現になぞらえるのである。もし天秤のバランスを保ちたいならば、一方の（たとえば、左の）皿からどんな重さを取り去ろうとも他方の（右の）皿からも取り去らなければならない。同様に、もし方程式 (1) の左辺から z を引き去るなら、右辺からも z を引かなければならない。その結果は方程式 (3) であり、これは z が方程式 (1) の両辺から引かれたことを示す。z を左辺のそれ自身から引くとゼロ（$z - z = 0$）になることに注意せよ——これはいちいち示されないのがふつうである。同じように、方程式 (2) の両辺から z を引くと方程式 (4) が得られる。

さて、同じものに等しい2つのものはお互いに等しいから（たとえば、もしアレックスが身長6フィートで、セアラが6フィートならば、

2人は身長が等しい)、方程式 (3)はxが$180° - z$に等しいことを示し、方程式 (4)はyが$180° - z$に等しいことを示すので、私たちは$x = y$ということを導き出す(演繹する)ことができる。この表現の値がどれほどかは計算する必要がない。どのような値であろうとxとyはどちらも互いに等しいという事実に変わりはないのである。こうして私たちは「2直線の交わりによってつくられる2つの対頂角は等しい」と結論できる。なぜならば、私たちはどちらの角にも特定の値をあてがわなかったからである。ひとつの証明がこのようにして一般化されると、それは定理とよばれるのである。

多角形

多角形とは、閉じた平面(2次元)図形である。多角形の例は、3角形、長方形や正方形などの4角形(4辺形)、5角形(5辺形)、6角形(6辺形)である。

どのような3角形であっても、その3つの角(内角という)の和は$180°$である(第5章を見よ)。

さて次は2番目の教科書問題である。

多角形の内角の和を度の数で表す公式をつくれ。

この問題を解くには、帰納法として知られる別の種類の戦略が必要になる。この方法は、観察された事実を基礎にして一般化を引き出す過程である。最初に3角形について考えよう——これは辺の数が最も少ない多角形である。3角形の内角の和は180度である(これに関連する証明は第5章を見よ)。

次に、4角形（4辺形）について考える。下図のABCDはそのような図形のひとつである。

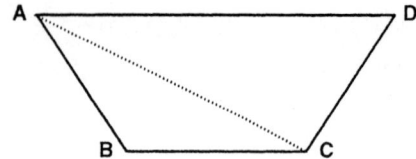

この図形は2つの3角形に分けられるということに注意する（3角形ABCと3角形ADC）。こうすることによって、私たちは、4角形の内角の和が2つの3角形の内角の和に等しい、すなわち、180°＋180°＝360°ということを発見するのである。

次に、5角形（5辺形）の場合を考えよう。下図のABCDEはそのような図形のひとつである。

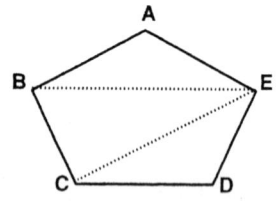

5角形は、上図に示されるように、3つの5角形に分けられるので（3角形ABE、3角形BEC、3角形ECD）、私たちは再び単純な事実——5角形の内角の和は3つの3角形の内角の和に等しいこと、すなわち、180°＋180°＋180°＝540°——を発見する

このように続けてゆけば、6角形（6辺形）の内角の和は4つの3角形の内角の和に等しく、さらに7角形では5つの3角形の内角の和に等しくなる。さて、私たちが発見してきたことを一般化してみよう。辺の

数を表すのにnという文字を用いると、n角形という言葉を使えばどんな多角形にも——つまり辺の数が明記されていない多角形にも——言及することができる。上述の観察は、どんな多角形でもそのなかに描くことができる3角形の数は「その多角形をつくっている辺の数より2少ない」ということを示している。たとえば、4辺形のなかに描くことができる3角形は2つで、これはこの4辺形の辺の数（4）より「2少ない」、すなわち（4 − 2）。5角形では3角形を3つ描くことができ、これは5角形の辺の数（5）より「2少ない」、すなわち（5 − 2）。3角形の場合にもこの規則は当てはまる。そのなかに描ける3角形はひとつしかないから（それ自身であるから）、辺の数（3）より「2少ない」、すなわち（3 − 2）である。ゆえに、n角形では、そのなかに（n − 2）個の3角形を描くことができる。要約すると、以下の表のようになる。

表1-1　多角形のなかの3角形の数

多角形の辺の数	多角形のなかに描ける3角形の数
3（3角形）	（3 − 2）＝1つ
4（4辺形）	（4 − 2）＝2つ
5（5角形）	（5 − 2）＝3つ
6（6角形）	（6 − 2）＝4つ
7（7角形）	（7 − 2）＝5つ
…	…
n（n角形）	（n − 2）個

私たちはすでに3角形の内角の和が180度であることを知っているので、4角形の内角の和は（4 − 2）× 180°、5角形では（5 − 2）× 180°、等々となる。ゆえに、n角形では、内角の和は（n − 2）× 180°となる。

表1-2 多角形の内角の和

多角形の辺の数	多角形のなかに描ける3角形の数	多角形の内角の和
3（3角形）	$(3-2) = 1$つ	$1 \times 180° = 180°$
4（4角形）	$(4-2) = 2$つ	$2 \times 180° = 360°$
5（5角形）	$(5-2) = 3$つ	$3 \times 180° = 540°$
6（6角形）	$(6-2) = 4$つ	$4 \times 180° = 720°$
7（7角形）	$(7-2) = 5$つ	$5 \times 180° = 900°$
…	…	…
n（n角形）	$(n-2)$個	$(n-2) \times 180°$

この公式は、

$$(n-2) \times 180° \quad \text{または} \quad 180° \times (n-2)$$

と書ける。いまや、私たちはどんな多角形であれその内角の和を直ちに決定することができる。たとえば、8角形の場合には、$n = 8$である。この値を上の公式に入れると、8角形の内角の和は、

$$(n-2) \times 180° = (8-2) \times 180° = 6 \times 180° = 1,080°$$

となる。

　この問題の解法について注意すべき点は、個々の例から一般化をおこなっているということである。これが帰納法による推論の要点なのである。しかしながら、そのような推論に関してひとつ警告しておきたいことがある。以下のような算術的な計算について考えてみよう。掛け算を左に、足し算を右に示してある。

掛け算	=	足し算？
$2 \times 2 = 4$		$2 + 2 = 4$
$\dfrac{3}{2} \times 3 = 4\dfrac{1}{2}$		$\dfrac{3}{2} + 3 = 4\dfrac{1}{2}$
$\dfrac{4}{3} \times 4 = 5\dfrac{1}{3}$		$\dfrac{4}{3} + 4 = 5\dfrac{1}{3}$
$\dfrac{5}{4} \times 5 = 6\dfrac{1}{4}$		$\dfrac{5}{4} + 5 = 6\dfrac{1}{4}$

これらの例から、私たちは掛け算と足し算がつねに同じ結果を与えると結論したくなるかもしれない。しかし、それが正しくないことはもちろんである。それゆえ、帰納法を用いて問題を解くときには、いくつかの条件が適用される。第5章でこの話題にもどるであろう。

可換性

掛け算（乗法）において因数の順序を変えても結果（積）は変わらない。掛け算のこの性質は可換性（交換可能であること）として知られる。例を示すと

　　$2 \times 3 = 3 \times 2 = 6$

　　$4 \times 9 = 9 \times 4 = 36$

一般に（$m =$ 任意の数、$n =$ 他の任意の数）、

　　$n \times m = m \times n$

これはまた次のように書いてもよい。

　　$nm = mn$

したがって、可換性の原則をいまの場合に適用すると、

　　$180° \times (n - 2) = (n - 2) \times 180°$

ちなみに、これと同じ性質は足し算（加法）に対しても成り立

つ。
$$2+3=3+2=5$$
$$4+9=9+4=13$$
一般に
$$n+m=m+n$$
　可換性は引き算（減法）と割り算（除法）に対しては成り立たない。例を示すと
$$7-4\neq 4-7$$
$$9\div 3\neq 3\div 9$$
（≠は「等しくない」を表す記号）。

洞察的思考

「スフィンクスのなぞ」を私たちがいま解いたような問題から区別するものは何かというと、「スフィンクスのなぞ」は解法の戦略が予測できるようなものではないということである。なぞを解くには、洞察的思考が必要とされるのである。この解法の特徴は、本質的に、問題の内的なあるいは隠された性質を直観的に把握する行為あるいは結果であるといえる。人類最初のパズルは洞察的思考がどのように展開するかのひとつのモデルである。

　「スフィンクスのなぞ」を解くために必要とされる関連性のある洞察は、言葉を文字どおりに解釈することではなく、きわめて比喩的に解釈することである。大部分のなぞは、ひとつの単語の異なった意味をもとにしている。以下の例を考えてみよう。

　4つの車輪とたくさんの羽をもつものは何か？

　（答：ごみ運搬車）

この答が意味をなすのは、2つの意味をもつフライ *fly* という英単語（「飛行する」という動詞と「2つの羽をもつ昆虫のひとつ」という名詞）を私たちが知っているときだけである。実際、ごみ運搬車は「4つの車輪」をもち、「ハエ」に取り囲まれている（ハエがごみに引き寄せられると仮定して）。〔原文は、フライを名詞とするか動詞とするかによって、2種類の逐語訳ができる：(1) 4つの車輪と蝿(フライ)をもつものは何か？ (2) 4つの車輪をもち、飛ぶ(フライ)ものは何か？〕

　立場を逆にして、私たち自身でなぞをつくってみることは有益である。例としてスマイル（笑顔、微笑）という単語をとろう。英語では、笑顔とか微笑は、衣類と同じように身につけることのできるものであるとされている。英語で「微笑を着る（＝微笑を浮かべる）」「顔から微笑を脱ぐ（＝にやにや笑いをやめる）」といった表現を使うのはこのためである。さて、これを幸い、まさにこの言語的習慣を利用して、言葉を使ったなぞをつくることができる。

　私は着物でも靴でもありません。でも身につけたり、不用になると脱ぎ去ったりすることができます。私は何でしょう？

　挿入句的に、なぞを組み立ててユーモアを提供することもできる。たとえば、古典的な子供たちのなぞ、「なぜ、ひよこは道路を横切ったのか？」を例にとろう。この問題の答の数は無限にある。ここに3つの可能な答をあげる。
　1．反対側にゆきたかったため
　2．農夫に連れられて横切ったため
　3．キツネに追いかけられていたため
これらの答はどれも、パンチのきいた冗談が誘い出す類いの適度な笑いを引き起こす傾向がある。この種類のなぞはたくさんあり、ユーモアと

多くの共通点がある。

洞察的思考は、大部分の（全部でないにしても）パズルがどのように解かれるかの決定的な特徴である。一例として、次の古典的なパズルを考えてみよう。

紙面から鉛筆を離さないで（すなわち、一筆書きで）以下の9個の丸印（●）を通る4本の直線を引くことができるか？

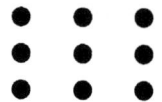

初めは、誰でも、まるで丸印が想像上の4角形の外辺（境界線）に位置していたかのように、これらの丸印をつなぐことからこのパズルを始

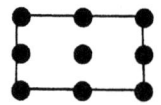

める傾向がある。

しかしこのような読みでは、何度4本の直線を引いても解答は得られない。以下の3つの例が示すように、ひとつの丸印がつねに残ってしまうからである。

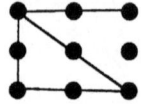 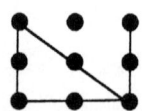 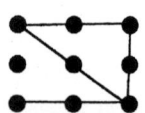

この時点で、勘がはたらきだす。もし4本の直線のうち1本あるいは2

本を延ばしてこの箱の範囲から出したら、どういうことが起こるだろうか？　そのような勘は、実は、関連性のある洞察であることが明らかになる。

たとえば、まず鉛筆を左下の丸印におくことから始めて、上へ向かって直線を引き、さらに上の２つの丸印を通って「箱の外側」の１点で止める。すると、その点はそれより下の２つの丸印と斜めに並んでいるのがわかる。

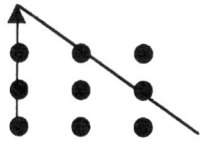

次に、その２つの丸印を通り、斜め下に向かって直線を引く。２本目の線が底部の３つの点と水平に並ぶところで止める。

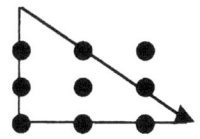

底部の３つの丸印を通るように３本目の直線を引く。

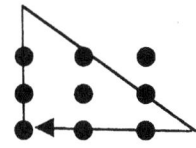

最後に、残りの丸印を通るように４本目の線を引く。

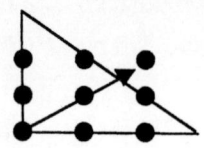

　パズルを解くには、ときおり、他の形の思考を用いることが必要になる。しかし支配的なものは直観的な試行錯誤の形である。ちなみに、「パズル」という言葉は中期英語の「ポセレン」（当惑させる、困惑させる）という言葉からきている。これは適切な用語である。なぜなら、数学の教科書に見出される典型的な問題と違って、パズルは、最初は困惑と混乱を引き起こし、同時に私たちの知力に挑戦するものだからである。ヘリーン・ホヴァネックが彼女の愉快な本『パズル狂の天国』のなかで述べているように、パズルの魅力とは、それらが「答を隠すと同時に解いてくれと大声で叫びながら」、頭にきた解答者たちの知恵とパズル作成者たちの知恵とを競争させている、という事実なのである。

　もうひとつの古典的なパズルで、フランスのイエズス会士で、詩人、古典学者であったクロード‐ガスパル・バシェ・ドゥ・メジラック（1581-1638）によって考案されたパズルについて考えてみよう。これは彼が1612年に出版した『楽しく愉快な数の問題』という題名のパズルコレクションに含ませたものである。

　もし天秤の両方の皿に分銅（重り）をおくことができるとすれば、1ポンドから40ポンドまでの砂糖の重さ（整数）を計るには最少何個の分銅を使えばよいか？

最初は、それぞれ1、2、4、8、16、32ポンドの6個の分銅があれば十分だろうと結論したくなるかもしれない。この推論はたぶん次のようになされたことであろう。左の皿に1ポンド分銅をおき、左右の皿が釣り

合うまで右の皿に砂糖を注ぐことによって1ポンドの砂糖を計ることができるだろう。左の皿に2ポンド分銅をおき、左右の皿が釣り合うまで右の皿に砂糖を注ぐことにより2ポンドの砂糖を計ることができるだろう。左の皿に1ポンド分銅と2ポンド分銅をおき、左右の皿が釣り合うまで右の皿に砂糖を注ぐことにより3ポンドの砂糖を計ることができるだろう。同じように次々と計ってゆく。このようにして私たちは1ポンドから40ポンドまでのどんなポンド数（整数）の砂糖でも重さを計ることができる、と。

べき指数

べき指数（累乗ともいう）は、ある数の右上につけられた数字または文字であり、その数が何回それ自身によって掛けられるかを示す。たとえば、3^4では、上つき数字の4は、3という数がそれ自身によって4回掛けられる（3を4個掛け合わせる）ことを示している。すなわち、

$3^4 = 3 \times 3 \times 3 \times 3$

3^4は「3の4乗」とよむ。

指数表記は、掛け算の繰返しに対する簡略形である。たとえば、

$2^1 = 2$
$3^2 = 3 \times 3$
$5^3 = 5 \times 5 \times 5$
…
$n^4 = n \times n \times n \times n$

どんな数をゼロ乗してもつねに1である（第6章を見よ）。たとえば、

$$3^0 = 1$$
$$9^0 = 1$$
$$\cdots$$
$$n^0 = 1$$

しかしながら、このパズルでは天秤の両方の皿に分銅をおくことが許されているので、1、3、9、27ポンドのわずか4個の分銅で目方を計ることができるのである。この理由はすこぶる簡単である。砂糖といっしょに右の皿に1個の分銅をおくことは、その重さを左の皿の総重量から取り去ることに等しい。しばらくこのことについて考えてみよう。たとえば、もし2ポンドの砂糖を計るつもりならば、左の皿に3ポンド分銅をおき、右の皿に1ポンド分銅をおけばよいだろう。これでは右の皿のほうが2ポンド少ない。ゆえに、不足の2ポンド分の砂糖を右の皿に注ぐと釣り合いが得られるであろう。

これら4個の分銅の重さは、よく見ると、3の累乗になっていることがわかる。すなわち、

$$1 = 3^0$$
$$3 = 3^1$$
$$9 = 3^2$$
$$27 = 3^3$$

1から40までの整数(必要な分銅)はどれも3の累乗であるか、でなければ3の累乗より1多いか少ないかであるので、これらの分銅の選択が必要になる。ゆえに、1から40までの整数のおのおのは、最初の4つの3の累乗を用いて表すことができる。

$1 = 3^0$ 　　　　　　　　　　　$(= 1)$
$2 = 3^1 - 3^0$ 　　　　　　　　$(= 3 - 1)$

$$3 = 3^1 \qquad\qquad (= 3)$$
$$4 = 3^1 + 3^0 \qquad\qquad (= 3 + 1)$$
$$5 = 3^2 - 3^1 - 3^0 = 3^2 - (3^1 + 3^0) \qquad (= 9 - 3 - 1 = 6 - 1)$$
$$\cdots \qquad\qquad \cdots$$
$$40 = 3^3 + 3^2 + 3^1 + 3^0 \qquad (= 27 + 9 + 3 + 1 = 39 + 1)$$

4つの3の累乗はここでは分銅を表すので、私たちはただ、左の皿に分銅をおく行為を足し算という言葉に、また(砂糖といっしょに)右の皿に分銅をおく行為を引き算という言葉に「翻訳」するだけでいいのである。これをどのように実行すればいいかを以下の表に示す。この表は読者が独力で完成してほしいものである。

表1-3 メジラックの分銅パズル

計られる砂糖の量	左の皿におかれる分銅	砂糖といっしょに右の皿におかれる分銅
1	$3^0 (= 1)$	なし
2	$3^1 (= 3)$	$3^0 (= 1)$
3	$3^1 (= 3)$	なし
4	$3^1 + 3^0 (= 3 + 1)$	なし
5	$3^2 (= 9)$	$3^1 + 3^0 (= 4)$
…	…	…
40	$3^3 + 3^2 + 3^1 + 3^0$ $(= 27 + 9 + 3 + 1)$	なし

省察

「スフィンクスのなぞ」は、本物のパズルの歴史上最初の例である。その神話における起源は子供たちのためにつくられた物語のなかで今日に

いたるまで共鳴している。そのような物語のなかの英雄たちは、彼らの肉体的勇気だけでなく、なぞを解く精神的能力をも試すように仕組まれた挑戦に象徴的に立ち向かうのである。そのような物語の伝統が示唆するように、私たちは、なぞというものを真実のお告げの縮小型と考えるのである。結局、もし生活から提起されるなぞに答えようと試みないとしたら、哲学や科学とは一体何なのかということになる。

　数学的な疑問もまた、当惑させる考えをパズルの形でモデル化する生来の必要によって導かれているように思われる。このことはおそらく、数学史上最大の問題のいくつかがもともとパズルとして組み立てられた理由であろう。それらを解くには大変な洞察的思考が必要とされる。多くの場合、その洞察が実を結ぶには何世紀も何千年もかかった。しかし、結局、それは成功して大きな進歩を数学にもたらした。どうやら、数学的知識の「テーベ」に入るために、私たちはまず、「スフィンクスのなぞ」よろしく、挑戦的ななぞを解かなければならないらしい。

探求問題

なぞ

1. 捕まえられるとそれは捨てられるが、捕まえられないときはそれをもち続けていなければならないものは何か？

2. 母親にも似ず、父親にも似ていない動物にどんなものがあるか？ それは雑種であって、それ自身の子をつくれないということも知っていなければならない。

3. 私は武器をあごに携えることによって主人の敵を脅して追い払うが、小さな子供が鞭をふるっただけでも私は逃げる。私は何か？

4. 赤、青、紫、緑のものである。誰でも簡単にそれを見ることができるが、誰もそれに触れることも、それのあるところに達することさえもできない。それは何か？

5. 生まれるまえ私は名前をもっていたが、生まれた瞬間に名前が変わった。もはや私がこの世にいなくなると、私は父の名前でよばれることになる。要するに、私は3日続けて自分の名前を変えるが、1日しか生きやしないのだ。私は誰か、あるいは何か？

6. あなたに属していて、あなた以上に他人が使うものは何か？

7. 以下の言葉をもとにして、なぞなぞをつくろう。
 A. 正義
 B. 友情
 C. 愛
 D. 時間

演繹的推論

8. 3角形ABCは、底辺BCが直径上にあるとき、半円に内接する。底辺に対する角∠BACは90度に等しいことを証明せよ。∠という記号は「角」を表す。

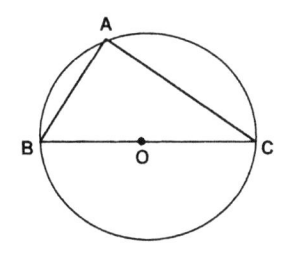

あなたの証明を展開するために、以下の事実を用いてもよい。

▼ 3角形の3つの内角の和は180度である。
▼ 直径とは、2つの半径（OCとOB）からなるひとつの直線である。
▼ 円の半径はすべて等しい。
▼ 2等辺3角形は2つの等しい辺をもった3角形である。

▼ 2等辺3角形の、等しい2辺に対する角は等しい。

帰納的推論

9. いくつかの数に9を掛け、おのおのの積の各桁の数字を足し合わそう。もしこの足し算の結果が1桁より大きい数になれば、その数字を足し合わそう。1桁の数になるまでこれを続けよう。たとえば、

$9 \times 50 = 450$
積の数字を足す：$4 + 5 + 0 = 9$

$9 \times 43 = 387$
積の数字を足す：$3 + 8 + 7 = 18$（2桁）
和の数字を足す：$1 + 8 = 9$

$9 \times 693 = 6{,}237$
積の数字を足す：$6 + 2 + 3 + 7 = 18$（2桁）
和の数字を足す：$1 + 8 = 9$

ここにどんなパターンが現れているか？

10. それでは、問題9で発見されたパターンを用いて、次の数のどれが9の倍数であるか決定してみよう。

A. 477
B. 648
C. 8,765
D. 738
E. 9,878

11. 1から20までの数の2乗（平方）を考える。
$1^2 = 1 \times 1 = 1$

$2^2 = 2 \times 2 = 4$

$3^2 = 3 \times 3 = 9$

$4^2 = 4 \times 4 = 16$

$5^2 = 5 \times 5 = 25$

…

$20^2 = 20 \times 20 = 400$

何かパターンが見えるか？ もし見えるなら、22の平方と23の平方はどんなパターンか？

洞察的思考

12. まえにあげた9個の丸のパズル（下図）を思い出そう。それは4つの直線で解かれた。これを3つの直線だけで解けるか？ すなわち、3つの直線を使って一筆書きで9個の丸印をつなぐことができるか？

13. このパズルの次のバージョンでは、12個の丸印がある。紙面から鉛筆を離さないでそれらをつなぐのに必要な最少の直線の数は？

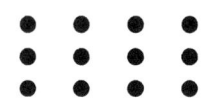

14. 最後に、16個の丸印を一筆書きでつないでみよう。これに必要な最少の直線の数はいくつか？

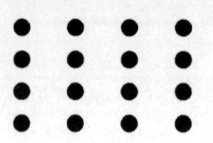

2

アルクインの「川渡りのパズル」

すべての混沌(カオス)のなかに宇宙(コスモス)があり、
すべての無秩序(ディスオーダー)のなかに秘密の秩序(シークレット・オーダー)がある。

カール・ユング (1875 - 1961)

パズルには常習性がある、つまり病みつきになる。クロスワードパズルを日課にしていたり、チェスか「スクラブルクラブ」に属したりしている人に尋ねてみるとよい。実は、パズル常習癖の症例は臨床心理学会の会誌を埋めているのである。1925年に、『1925年のパズル』とよばれたブロードウェー戯曲がパズル常習癖をおもしろく風刺した。この戯曲の目玉は、クロスワードパズルの強迫観念によって気を狂わされた人たちを閉じこめた「クロスワード・サナトリウム」の舞台であった。

　歴史上最初のパズル常習者の一人は、ほかならぬ神聖ローマ帝国の創始者シャルルマーニュ（カール大帝742 – 814）である。パズルにとりつかれた大帝はとくに自分用のパズルをつくるためにパズルメーカーを雇ったほどである。彼がこの仕事のために選んだ人物は、有名なイギリスの学者で聖職者であったアルクインである。機知に富むアルクインは、中世の若者たちに数学に興味をもってもらう試みの一環として、シャルルマーニュのために創作したパズルのなかから56問を選び、『若者を鋭敏にするための問題』と題する教育便覧のなかに入れた。

　その選集のなかにあるひとつは「川渡りのパズル」として知られているもので、古今の10大パズルのひとつとなる資格がある。このパズルは事実上すべての古典的なパズル選集に入れられているだけでなく、何世紀かのちに「組合せ論」として知られる分野を確立させた重要な洞察となるべく構築されていたと、多くの数学史家から考えられている。組合せ論というのは、配列の構造を本質的に扱う数学の一分野である。このパズルは、ものが体系的にどのようにグループ分けされ、数えられ、

あるいはまとめられるかを決定しようと試みる。これと同じ思考様式はいろいろな文化のパズル伝統のなかに見出されるが、数学者たちに広く知られるようになったのは、アルクインのバージョンによってである。注目すべきことには、アルクインの単純なパズルは、論理学の研究やコンピュータの設計と演算において重要な意味をもっていたのである。

アルクイン (735-804)

　名高い中世の学者アルクインは、教師でもあり著作家でもあった。彼は当時イギリスにおける学問の中心であったヨークの修道院学校で学んだ。アルクインは782年からフランク王シャルルマーニュに仕え、796年にフランスのトゥールのサン・マルタン大修道院長になった。その地位にいたあいだ、アルクインはアングロサクソンの学問的成果をヨーロッパ全体に広めるのに力を貸し、カロリング・ルネサンスとして知られる学問の復興をもたらした。

　アルクインのパズル選集は中世の世界に広く知られるようなり、そのパズルの多くは、ときには形を変えて、現代のパズルコレクションに引きつがれている。それらはどれも解くには高度の工夫の才を必要とするものばかりである。

パズル

「川渡りのパズル^{リバークロッシング}」はこのように語られることが多い。

　1匹のオオカミと1匹のヤギをつれた1人の旅人が大きなキャベツ1個を携えて川岸にたどりつく。残念なことに、川を渡るためのボートがひとつしかない。ボートが運ぶことができるものは2つまでである——つまり、旅人を除けば、2匹の動物のうちの1匹か、あるいはキ

ャベツか、のどちらかしか運べない。もし彼がいっしょにいなければ、岸に残されたヤギはキャベツを食べ、オオカミはヤギを食べるだろうということを旅人は知っている。オオカミはキャベツを食べない［もちろん、オオカミは旅人を食べないものとする］。さて、最少の往復回数で無事に川を渡るにはどうしたらいいだろうか？

旅人はまず向こう岸にヤギをつれてゆき、もとの岸（最初の岸）にオオカミとキャベツを残してゆくことから始める。彼は1人で舟を漕いでもどる。次に彼はオオカミとともに川を渡り、キャベツだけもとの岸に残す。それから彼は対岸にオオカミを残して、ヤギといっしょに舟でもどる。次に、もとの岸にヤギを残し、彼はキャベツとともに川を渡る。彼は1人で舟を漕いでもどり、向こう岸にオオカミとキャベツをいっしょに残す。彼はもとの岸でヤギを拾い、川を渡る。向こう岸に着くと、オオカミとヤギとキャベツは無事に彼の手にもどるので、旅を続けることができる。この過程全体では7回の川渡りが必要であった。

以下に示すのはこの解法の段階的モデル化のひとつである。旅人が往復し始めるまえの両岸の「初期状態」は次のようである（W＝オオカミ、G＝ヤギ、C＝キャベツ、T＝旅人）。

	もとの岸に	ボートに	向こう岸に
0.	W G C T	_ _	_ _ _ _

旅人は、オオカミとキャベツを何の問題もなくもとの岸に残してヤギを舟で運ぶことから始める。これがこの解法における第1段階である。

	もとの岸に	ボートに	向こう岸に
0.	W G C T	_ _	_ _ _ _
1.	W _ C _	T G→	_ _ _ _

旅人はヤギを向こう岸におろし、それから1人でもどる。これで1回目の往復が完了し、この解法に第2段階が加わる。

	もとの岸に				ボートに		向こう岸に			
0.	W	G	C	T	_	_	_	_	_	_
1.	W	_	C	_	T	G→	_	_	_	_
2.	W	_	C	_	←T	_	_	G	_	_

もとの岸から旅人はオオカミを乗せて川を渡り、キャベツだけあとに残す。これが第3段階である。

	もとの岸に				ボートに		向こう岸に			
0.	W	G	C	T	_	_	_	_	_	_
1.	W	_	C	_	T	G→	_	_	_	_
2.	W	_	C	_	←T	_	_	G	_	_
3.	_	_	C	_	T	W→	_	G	_	_

いったん向こう岸にゆけば、旅人はオオカミとヤギを2匹だけで残すことはできない。なぜなら、オオカミはヤギを食べるだろうから。そこで、彼はヤギだけを伴い、オオカミだけを向こう岸に残す。これが第4段階である。

	もとの岸に				ボートに		向こう岸に			
0.	W	G	C	T	_	_	_	_	_	_
1.	W	_	C	_	T	G→	_	_	_	_
2.	W	_	C	_	←T	_	_	G	_	_
3.	_	_	C	_	T	W→	_	G	_	_

2：アルクインの「川渡りのパズル」

4. _ _ <u>C</u> _   ←<u>T</u> <u>G</u>   <u>W</u> _ _ _

もとの岸にもどった旅人はヤギをそこに残し、キャベツをオオカミのところへ運ぶ。このようにして彼はヤギとキャベツをいっしょに残すことを避ける。これが第5段階である。

	もとの岸に				ボートに		向こう岸に			
0.	<u>W</u>	<u>G</u>	<u>C</u>	<u>T</u>	_	_	_	_	_	_
1.	<u>W</u>	_	<u>C</u>	_	<u>T</u>	<u>G</u>→	_	_	_	_
2.	<u>W</u>	_	<u>C</u>	_	←<u>T</u>	_	_	<u>G</u>	_	_
3.	_	_	<u>C</u>	_	<u>T</u>	<u>W</u>→	_	<u>G</u>	_	_
4.	_	_	<u>C</u>	_	←<u>T</u>	<u>G</u>	<u>W</u>	_	_	_
5.	_	<u>G</u>	_	_	<u>T</u>	<u>C</u>→	<u>W</u>	_	_	_

旅人はキャベツを向こう岸におろす。彼は1人でもどり、オオカミとキャベツをいっしょに残す。これが第6段階である。

	もとの岸に				ボートに		向こう岸に			
0.	<u>W</u>	<u>G</u>	<u>C</u>	<u>T</u>	_	_	_	_	_	_
1.	<u>W</u>	_	<u>C</u>	_	<u>T</u>	<u>G</u>→	_	_	_	_
2.	<u>W</u>	_	<u>C</u>	_	←<u>T</u>	_	_	<u>G</u>	_	_
3.	_	_	<u>C</u>	_	<u>T</u>	<u>W</u>→	_	<u>G</u>	_	_
4.	_	_	<u>C</u>	_	←<u>T</u>	<u>G</u>	<u>W</u>	_	_	_
5.	_	<u>G</u>	_	_	<u>T</u>	<u>C</u>→	<u>W</u>	_	_	_
6.	_	<u>G</u>	_	_	←<u>T</u>	_	<u>W</u>	_	<u>C</u>	_

向こう岸への最後の川渡りでは、旅人はヤギを舟に乗せてゆく。これがモデルにおける第7段階である。

	もとの岸に	ボートに	向こう岸に
0.	W G C T	_ _	_ _ _ _
1.	W _ C _	T G→	_ _ _ _
2.	W _ C _	←T _	_ G _ _
3.	_ _ C _	T W→	_ G _ _
4.	_ _ C _	←T G	W _ _ _
5.	_ G _ _	T C→	W _ _ _
6.	_ G _ _	←T _	W _ C _
7.	_ _ _ _	T G→	W _ C _

旅人が向こう岸に着くと、彼はオオカミとヤギとキャベツとともに旅を続けることができる。めでたし、めでたし。これがこのモデルにおける「最終状態」である。初期状態と同じく、舟を漕ぐ必要がないので「0」をつけておこう。完全な解法モデルは以下のようになる。

	もとの岸に	ボートに	向こう岸に
0.	W G C T	_ _	_ _ _ _
1.	W _ C _	T G→	_ _ _ _
2.	W _ C _	←T _	_ G _ _
3.	_ _ C _	T W→	_ G _ _
4.	_ _ C _	←T G	W _ _ _
5.	_ G _ _	T C→	W _ _ _
6.	_ G _ _	←T _	W _ C _
7.	_ _ _ _	T G→	W _ C _
0.	_ _ _ _	_ _	W G C T

わずかに異なる7段階の解法も可能である。この場合も、旅人はヤギ

を最初に向こう岸に渡すことから始める。この解とまえの解とのあいだに違いが現れるのは、第3、第4、第5の各段階である。

	もとの岸に				ボートに		向こう岸に			
0.	W	G	C	T	_ _		_ _ _ _			
1.	W	_	C	_	T	G→	_ _ _ _			
2.	W	_	C	_	←T	_	_	G	_	_
3.	W	_	_	_	T	C→	_	G	_	_
4.	W	_	_	_	←T	G	_	_	C	_
5.	_	G	_	_	T	W→	_	_	C	_
6.	_	G	_	_	←T	_	W	_	C	_
7.	_	_	_	_	T	G→	W	_	C	_
0.	_	_	_	_	_ _		W	G	C	T

　具体的な形で川渡りを実行するほうを好む読者は、たとえば、舟を表す箱と、オオカミ、ヤギ、キャベツ、旅人を表す4つの紙片を使って試してみてもよい。

　このパズルのおもしろいバージョンが、16世紀のイタリアの数学者ニコロ・タルターリアによって考え出された。これには3人の花嫁と彼らの嫉妬深い夫が登場する。

　3人の美しい花嫁と彼らの夫が川にやってきた。川を渡る小さな舟には2人しか乗れない。疑われてもしようがない状況を避けるためには、どの花嫁ももし彼女の夫がいなければ他の男と2人きりにならないように川渡りの手順を決める必要がある。ただし男も女も舟を漕ぐことができるものとする。どうしたらこれが可能だろうか？

　9回の川渡りが必要である。上でもしたように、夫をHで表し、妻を

Wで表すことによって、解法のモデル化が容易になる。さらにこの文字の右下に小さい数字をつけて誰と誰が夫婦であるかを表すことにする。つまり、1番目の夫婦はH_1とW_1で、2番目の夫婦はH_2とW_2で、3番目の夫婦はH_3とW_3で表す。基本的な考え方は、異なる下つき数字をもったWとHがいっしょになる（岸でも、舟の上でも）ことを避けることである。こうして、たとえば、舟の上でH_1とW_2のような組合せになるのは不適当である。なぜなら、女（W_2）が夫でない男（H_1）と2人きりになってペアになることはパズルが禁じているからである。これ以外ならどんな組合せでも許される。可能な9段階モデルのひとつを解説抜きで以下に示す。他にもいくつかのモデルが可能である。読者はここでも、箱を用意して舟とし、また6枚の紙切れを用意して人と見なし、H_1, H_2, H_3, W_1, W_2, W_3のラベルをつけ、それらを各段階で実際に動かしてもよいだろう。

	もとの岸に	ボートに	向こう岸に
0.	H_1 W_1 H_2 W_2 H_3 W_3	__ __	__ __ __ __ __ __
1.	__ __ __ H_2 W_2 H_3 W_3	H_1 W_1 →	__ __ __ __ __ __
2.	__ __ __ H_2 W_2 H_3 W_3	← __ W_1	H_1 __ __ __ __ __
3.	__ __ __ __ __ H_3 W_3	W_1 W_2 →	H_1 __ __ __ __ __
4.	__ __ __ H_2 __ H_3 W_3	← __ W_2	H_1 W_1 __ __ __ __
5.	__ __ __ __ __ H_3 W_3	H_2 W_2 →	H_1 W_1 __ __ __ __
6.	__ __ __ __ __ H_3 W_3	← __ W_2	H_1 W_1 H_2 __ __ __
7.	__ __ __ __ __ H_3 __	W_2 W_3 →	H_1 W_1 H_2 __ __ __
8.	__ __ __ __ __ H_3 __	← __ W_3	H_1 W_1 H_2 W_2 __ __
9.	__ __ __ __ __ __ __	H_3 W_3 →	H_1 W_1 H_2 W_2 __ __
0.	__ __ __ __ __ __	__ __	H_1 W_1 H_2 W_2 H_3 W_3

もっと多くの人と動物を入れた、もっと複雑な川渡りのパズルのバー

ジョンをつくることもできる。しかしながら、すべてが解けるとは限らない。たとえば、よく知られたパズリスト、サム・ロイド (1841 – 1911) とヘンリー・E・デュードニー (1847 – 1930) が発見したように、4組の夫婦の場合は、タルターリアが規定したような条件のもとでは解に達することができない。そのような場合に何らかの解が可能になるのは、川のなかに島があってそこを「一時立寄り地点」として利用できる場合だけである。ロイド - デュードニーのパズルは《探求問題》にまわしてある。

ニコロ・フォンタナ・タルターリア (c.1499 – 1557)

タルターリアはヴェネツィアで生まれ、そこで科学者として、また数学者として広く知られていた。彼の最も傑出した著作は、天体の運動と発射体の軌道を論じた『新しい科学』である。

タルターリアはまた1541年に初めて3次方程式を解くためのアルゴリズム(段階的な手順)を考案した。3次方程式とは、たとえば、$x^3 + 29x^2 = 145$ のように、変数のひとつが3乗された方程式のことである。しかし3次方程式の解法の発見者として有名になったのは彼の競争相手であったジロラモ・カルダーノ (1501 – 76) であった。一部の歴史家たちは、おそらくカルダーノがその解法をタルターリアから盗んだのだと主張している。

数学的注釈

ものごと——動物、夫婦、文字など——の一定の配列をもとにした問題は、体系的に研究して正確にモデル化することができる。それがアルクインのパズルから学ばれる主な教訓である。数学的モデル化とは、あらゆる種類のパターン——数、幾何学、組合せ、等々のパターン——を表

現する活動のことをいう。

「ヨセフスのパズル」と「カークマンの女生徒のパズル」

配列についてのパズルはたくさんある。いずれも解くためには大変な洞察を必要とする。別の有名な2つの例について考えてみよう。最初の例は1世紀のユダヤの歴史家ヨセフスの名から「ヨセフスのパズル」とよばれているもので、彼はこれの正しい解答を見つけ出すことによって自分の命を救ったといわれている。次はそうしたパズルのバージョンのひとつである。

> 船上には15人の暴君(タイラント)(T)と15人の無力な市民(C)が乗っている——船の大きさの割に人数がずっと多い——とする。そこで、船の沈没を防ぐために、暴君たちを船から投げ落とすべし、との決定がなされる。人々を投げ捨てるために、暴君と市民を区別できない1匹の神話上の獣が船上に放たれている。この獣は、円形に座らされている9番目の人を投げ捨てるように訓練されている。船上の人々がどのように円陣を組んでいれば獣は期待されたとおりの仕事をすることができるか？

この獣は、下図に示した円の天辺にいる市民Cから出発する。出発点から9番目の人は暴君Tである。ゆえに彼は船から投げ落とされる。そこから9番目の人もTである。彼もまた投げ落とされる。このように順々に進んでゆく。かくして、図に示された円形の座席配列は、読者が自身で確かめることができるように、すべての暴君が船外に投げ落とされるが、一方、すべての市民が救われることを保証している。

「ヨセフスのパズル」のさまざまなバージョンは世界のいろいろな文化に見出される。このパズルは、レオンハルト・オイラー（彼には第4章で会う）を含む有名な数学者たちによって研究された。そのわけは、

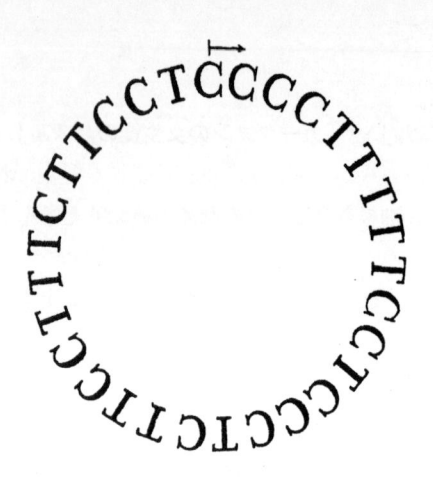

このパズルが、組織的な配列――システム分析の名のもとに現在進行している研究分野――におけるさらに複雑な問題を調べるための縮小モデルを、パズル形式で、提供しているからである。

第二のパズルは、1847年にこれを提出した有名なアマチュア数学者トマス・ペニントン・カークマンにちなんで、「カークマンの女生徒(スクールガール)のパズル」とよばれている。これもまた、配列の研究にとって、また、とりわけ行列論にとって、重要な意味をもつものであった。数学における行列とは、一定のパターンに従って行と列に並べられた数字（または記号）の配列である。

15人の女生徒を3人ずつ5組にして7日のあいだ毎日散歩するとする。このとき、どの2人も同じ3人組として2度歩くことがないようにするにはどうすればよいか？

このパズルは次のようにより散文的に書き直すことができる。0から14までの15個の数（おのおのの数が特定の女生徒を表す）をどのように5組の3つ組(トリプレット)（つまり5行3列）からなる7つの行列（おのおのの行

列が特定の曜日に対応する)に分けるならば、2つの数字が7つの行列のどれにも2度同じ行に現れないようになるか？ このパズルは《探求問題》のなかで扱うことにしたい。

要するに、「川渡り」「ヨセフス」「女生徒」のパズルはみな、19世紀に組合せ論の科学が組み立てられるための概念的基礎を築くうえで重要なものであった。組合せ論とは、配列の数学的構造を研究する分野である。

組合せ論

組合せ論が本質的にねらいとするのは、ひとそろいの対象からどんな順序づけられた配列が一定の条件のもとで可能であるか？という疑問に答えることである。これが意味していることを理解するために、アルクインのパズルにもどり、その条件を少し変えてみることにしよう。今度は、旅人が見出す舟には席が4つあるものとする——ひとつは彼自身が座る席であり、他の3つは1列に並んだ席で、そこに、オオカミ、ヤギ、キャベツをおくことができる。今度は1回の渡しで十分であろう。それで、問題とはこうである。

　旅人が舟の席に、オオカミ、ヤギ、キャベツをおくとができる可能な配列はいくつあるか？

3つの座席を、席1、席2、席3とよぶことにする。最初の席1について考える。旅人は3つのもの（W＝オオカミ、G＝ヤギ、C＝キャベツ）のどれかひとつをこの席におくことができる。

席1	席2	席3
↓	↓	↓
W	—	—

<u>G</u>　　　＿　　　＿
<u>C</u>　　　＿　　　＿

　さきにどれかひとつを席1におくたびに、旅人は残り2つのもののどれかひとつを席2におくことができる。たとえば、彼は、席1にWをおけば、席2にGまたはCをおくことができる。席1にGをおくと、席2にWまたはCをおくことができる。席1にCをおけば、席2にはWかGをおくことができる。最初の2つの席に、オオカミ、ヤギ、キャベツをおくために旅人がもっている可能な選択肢をまとめると次のようになる。

席1		席2		結果		席3
↓		↓		↓		↓
<u>W</u>	と	<u>G</u>	→	<u>W</u>	<u>G</u>	＿
<u>W</u>	と	<u>C</u>	→	<u>W</u>	<u>C</u>	＿
<u>G</u>	と	<u>W</u>	→	<u>G</u>	<u>W</u>	＿
<u>G</u>	と	<u>C</u>	→	<u>G</u>	<u>C</u>	＿
<u>C</u>	と	<u>W</u>	→	<u>C</u>	<u>W</u>	＿
<u>C</u>	と	<u>G</u>	→	<u>C</u>	<u>G</u>	＿

　ここまでの可能な組合せ——WG、WC、GW、GC、CW、CG——の総数（「結果」の列に示したように）は3×2＝6であることに注意しよう。これは、旅人が席1におく3つのもののそれぞれに対して、他の2つのものを席2につかせることができること、したがって総計6つのペアができることを算術的に表現している。

　さて、これら6つのペアのおのおのに対して、旅人には席3に何かをおくための選択肢はひとつしか残っていない。たとえば、席1と席2のそれぞれにWGペアをおけば、旅人は席3にCをおくしかない。席1と

席2のそれぞれにWCペアをおけば、旅人は席3にGをおくしかない、という具合である。舟の上のオオカミ、ヤギ、キャベツの可能な配列をすべて示すと次のようになる。

席1		席2		結果			席3		最終結果		
↓		↓		↓			↓		↓		
W	と	G	→	W	G	と	C	→	W	G	C
W	と	C	→	W	C	と	G	→	W	C	G
G	と	W	→	G	W	と	C	→	G	W	C
G	と	C	→	G	C	と	W	→	G	C	W
C	と	W	→	C	W	と	G	→	C	W	G
C	と	G	→	C	G	と	W	→	C	G	W

再び、可能な組合せ（「最終結果」の列に示したように）——WGC、WCG、GWC、GCW、CWG、CGW——の総数は $3 \times 2 \times 1 = 6$ であることに注意しよう。まえと同様に、これは、旅人が席1におく3つのもののそれぞれに対して、他の2つを席2におき、そしてひとつを席3におくことができること、したがって総計6組の3つ組の配列ができるということを算術的な形で表現したものである。これらの配列は順列とよばれている。順列という言葉を読者は学校の数学で習った記憶があるに違いない。順列とは、要素をそれらの順序に関してグループ分けすることである。たとえば、2つの文字AとBを並びかえた結果（順列）はABとBAである。このペアは同じ2つの要素からなるが、順序は異なっている。

次に、旅人（T）自身をこの配列表に含ませてみよう。

旅人が舟の4つの席に、彼自身（T）、オオカミ（W）、ヤギ（G）、そしてキャベツ（C）をおくことができる可能な配列はいくつあるか？

この場合には、$4 \times 3 \times 2 \times 1 = 24$ とおりの可能な配列がある。最初の数字4は、4つのもの——オオカミ、ヤギ、キャベツ、または旅人——のどれかひとつが席1を占めることができることを述べている。2番目の数字3は、席1に対する4つの可能性のおのおのに対して、席2を占めるには3とおりの仕方があることを述べている。こうして最初の2つの席に対する $4 \times 3 = 12$ の順列ができる。3番目の数字2は、12個の順列のおのおのに対して、席3が占められるには3通りの仕方があることを表している。こうして合計 $4 \times 3 \times 2 = 24$ の順列となる。最終的に、4番目の数字1は、24個の順列のおのおのに対して、席4が占められる方法はただひとつしかないことを示している。こうして合計 $4 \times 3 \times 2 \times 1 = 24$ の順列となる。これらの順列は以下のように与えられる(明快さを示すために、最初の席の占有者から並べて書いてある)。

席1にWをおくと	席1にGをおくと	席1にCをおくと	席1にTがつくと
1. WGCT	7. GWCT	13. CWGT	19. TWGC
2. WGTC	8. GWTC	14. CWTG	20. TWCG
3. WCGT	9. GCWT	15. CGWT	21. TGWC
4. WCTG	10. GCTW	16. CGTW	22. TGCW
5. WTGC	11. GTWC	17. CTWG	23. TCWG
6. WTCG	12. GTCW	18. CTGW	24. TCGW

もし舟に占められるべき5つの場所とそれらを占める5つのものがあったならば、$5 \times 4 \times 3 \times 2 \times 1$ とおりの可能な配列、つまり順列がある(読者自身で確かめることができる)。もし6つの場所と6つのものがあったならば、$6 \times 5 \times 4 \times 3 \times 2 \times 1$ とおりの順列があるはずである。そのパターンが見えるだろうか? もし占められる場所が n 個あり、それらを占めるものが n 個あったならば、$n \times (n-1) \times (n-2) \times$

…×1の順列がある。これは階乗として知られているもので、$n!$という記号で表される。すなわち、

$$n! = n \times (n-1) \times (n-2) \times \cdots \times 1$$

この公式が一般化していることは、最初の位置をn個の対象で占めることができ、2番目の位置を$n-1$個（総数よりひとつ少ない個数）の対象で占めることができ、3番目の位置を$n-2$個（総数より2つ少ない個数）の対象で占めることができ、…というふうにして、最後の位置はたったひとつの可能性になるということである。ここに階乗の例をいくつかあげよう。

$$4! = 4 \times 3 \times 2 \times 1$$
$$5! = 5 \times 4 \times 3 \times 2 \times 1$$
$$9! = 9 \times 8 \times 7 \times 6 \times 5 \times 4 \times 3 \times 2 \times 1$$
$$\cdots$$
$$n! = n \times (n-1) \times (n-2) \times (n-3) \times \cdots \times 1$$

順列の概念をもう少し深く調べてみよう。まず、並べられるべき対象のうちいくつかが同じだと仮定しよう。この種の問題の1例を以下に示す。

1、1、2、3、4の数字を用いて、5桁の数字をいくつつくることができるか？

私たちには5つの対象（数字）があるが、そのうちの2つの数字は区別がつかない――2つが1であるから。このことは、いくつかの配列はまったく同じものになることを意味する。ゆえに、これらは、言わば濾過

して、取り除いてしまわなければならない。そのために、2つの1に下つき数字をつけて、それらを区別できるようにしよう。そうすると、これら5つの数字は次のように書き直すことができる。

1_1、1_2、2、3、4

合計120個の5桁の数字をつくることができる。なぜなら、

$5! = 5 \times 4 \times 3 \times 2 \times 1 = 120$

しかしながら、これらのうちのいくつかは、下つき数字を取り除くと、互いに区別がつけられないだろう——たとえば、次の2つの例で示すように。

(1) $1_1 2 1_2 3 4 = 12{,}134$
(2) $1_2 2 1_1 3 4 = 12{,}134$

では、このような区別できないケースは120個の数のなかにいくつ存在するのか？ そのようなケースは5!のうち2!があるだろう。忍耐強い読者は、下つき数字のある数を含めた120個の順列をつくり、次に、区別できない数を消してゆくことによってこのことを確かめてみるとよい。区別できないケースの消去は、もちろん、5!を2!で割るという割り算の問題である。すなわち、

$$\frac{5!}{2!} = \frac{5 \times 4 \times 3 \times \cancel{(2 \times 1)}}{\cancel{(2 \times 1)}} = 5 \times 4 \times 3 = 60$$

である。

ゆえに私たちは60個の異なる5桁の数字をつくることができる。一般に、n個の対象の異なる順列の数は、そのうちのr個が区別できないとき、

$$\frac{n!}{r!}$$

今度は、椅子の数よりも人数のほうが多いという場合を考えてみよう。

あなたは、10人の委員会から、会長1人、副会長1人、幹事1人を選ばなければならないとしよう。これら3つの椅子を埋めるには何とおりの仕方があるか？

もちろん、10人全員が会長となる資格がある。会長が決まると、残り9人全員が副会長になる資格がある。さらに会長と副会長が選ばれたあと、残り8人のなかの誰かが幹事役を埋めなければならない。したがって、この場合における順列の総数は$10 \times 9 \times 8 = 720$である。

この解法を一般化することができるか？ $10 \times 9 \times 8$に対する答は、事実上、10!から最後の7つの因子を消去したものであるということに気づこう。すなわち、

$$10 \times 9 \times 8 = 10 \times 9 \times 8 \times \cancel{(7 \times 6 \times 5 \times 4 \times 3 \times 2 \times 1)}$$

この右辺は、10!を7!($= 7 \times 6 \times 5 \times 4 \times 3 \times 2 \times 1$)で割ってつくられる。つまり、

$$\frac{10!}{7!} = \frac{10 \times 9 \times 8 \times \cancel{(7 \times 6 \times 5 \times 4 \times 3 \times 2 \times 1)}}{\cancel{(7 \times 6 \times 5 \times 4 \times 3 \times 2 \times 1)}}$$

$$= 10 \times 9 \times 8 = 720$$

上の分数における分母7!は（10 − 3)!と書き直すことができること、そうすると括弧内の3は埋められるべき椅子の数を表すということに注意しよう。このような適宜の書き変えによって関連した洞察が得られるのである。一般に、もし分子が$n!$ならば、分母は$(n-r)!$となる。ここでrは埋められるべき椅子の数を表す。すなわち、

$$\frac{n!}{(n-r)!}$$

この公式を使えば、私たちは、n個の対象をr個の位置におくことが必要とされるどんな問題でも解くことができる。別の言い方をすれば、この公式は、n個の対象から1度にr個を取り出す順列の数である、ということになる。

　初歩的な組合せ論の分野を去るまえに、配列パターンの最終的タイプのひとつを見ておこう。私たちは10人の候補者から3人からなる小委員会を選びたいと思っているとしよう。これをするのも720とおりの仕方があるのか？　答はノーである。なぜなら、このケースでは順序が問題となっていないからである。たとえば、選ばれるべき人たちのうちの3人を、クリス、ルーシー、レイチェルと名づけることにしよう。これら3人の特定の人たちを、小委員会の3つの椅子を占めるように選ぶには3!とおり（$3! = 3 \times 2 \times 1 = 6$）の仕方がある。

会長	副会長	幹事
↓	↓	↓

(1)　　クリス　　　　ルーシー　　　　レイチェル
(2)　　クリス　　　　レイチェル　　　ルーシー
(3)　　ルーシー　　　クリス　　　　　レイチェル
(4)　　ルーシー　　　レイチェル　　　クリス
(5)　　レイチェル　　クリス　　　　　ルーシー
(6)　　レイチェル　　ルーシー　　　　クリス

　しかしながら、小委員会なるものをつくるとき、選択の順序は無関係である。3人が選ばれるということだけが問題である。順序が、たとえば、(1) クリス、ルーシー、レイチェルであるか、(6) レイチェル、ルーシー、クリスであるかどうかはどうでもよいのである。ゆえに、上の6とおりの順列は3人の異なる人の組合せに帰着することになる。このことが、なぜこのタイプの配列が組合せとよばれて順列とはよばれないのかの理由である。組合せとは、順序に無関係に寄せ集められた配列である、と定義できる。3人からなる小委員会のケースでは、余剰な順列つまり3!は、つくられうる720とおりの可能な選択から消去されなければならない。これらはどれだけあるのか？　これを決定するには、割り算によって余剰な順列を720から消去するだけでよいのである。ゆえに、

$$\frac{720}{3!} = \frac{720}{6} = 120$$

この場合の分母は再び$r!$である、つまり、埋められるべき椅子の数であることに注意しよう。また、分子の720は、上で示した公式、すなわち$n!/(n-r)!$からつくられたことにも注意しよう。ゆえに、組合せに対する一般式は、上の公式を$r!$で割ったものである。

$$\frac{n!}{(n-r)!\,r!}$$

組合せと順列の公式のまとめ

n 個の対象の順列の数：$n!\,(= n \times (n-1) \times (n-2) \times \cdots \times 1)$

n 個の対象のうち r 個が区別できない場合の順列の数：$n!/r!$

n 個の対象から1度に r 個を取り出す順列の数：$n!/(n-r)!$

n 個の対象から1度に r 個を取り出す組合せの数：$n!/(n-r)!\,r!$

省察

「川渡り」「ヨセフス」「女生徒」のパズルはどれも組合せパターンの探針である。単純だが優美なやり方で、これらのパズルは数学的探究とはどういうものかを余すところなく例示している。偉大なドイツの数学者ゴットフリート・ライプニッツ（1646 – 1716）が適切に述べているように、数学は「組合せの芸術」である。

ピタゴラス (c.582 – 500 B.C.)

ピタゴラスは彼の名前をつけられたピタゴラスの定理を発見したことで最もよく知られている。彼は紀元前529年ごろにクロトン（イタリア南部）に移住した。その地で彼は、貴族たちのあいだにある秘密結社を創設した。その側近者たちはマセマティコイとよばれたが、それは「学問的訓練を受けた人たち」を意味していた。この結社に疑いの目を向けていた市民たちは、政治的暴動が起きた際にそのメンバーの多くを殺害した。暴動の勃発まえにピタゴラスが

都市を去ったのか、あるいは暴動のなかで殺されたのかについては、歴史家たちに定説はない。学派としてはこの虐殺のあとしばらく続いたが、紀元前400年代に歴史から消えた。

ギリシアの哲学者ピタゴラス（ピュタゴラス）が創設したのは実はパターンの科学としての数学であった。彼の最大の発見は彼の名前をもつ定理（ピタゴラスの定理）である。この定理は、直角3角形の斜辺の2乗は他の2つの辺の2乗の和に等しい、ということを述べる。直角3角形とは、ひとつの直角（90度の内角）をもった3角形であり、また、斜辺というのは直角3角形の直角に対する辺である（下図の、直角に向かい合っている辺c）。この定理についてはさらに第5章で説明するだろう。

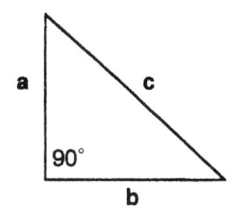

ピタゴラス学派の人たちは、数学的定理（彼ら自身が証明した定理などの）が宇宙の秘密を保持している、と固く信じていた。宇宙は数の言葉で私たちに語りかける、と彼らは主張した。このため、数学の目的は、そのような言葉の文法を解読するために、すべての人間の目的のなかで最も重要なもののひとつでなければならなかった。

探求問題

川渡り、配列、二人組

15. 頭のエンジンをかけるために、タルターリアのパズルに少しひねりを加えた簡単なバージョンから始めよう。もしも (1) 川を渡る小さな舟が2人しか収容できず、(2) 疑いを招くような状況を避けるために、どの女も自分の夫が居合わせなければ1人の男と残されることのないように川渡りの手はずを整えなければならず、そして (3) 2人の女が2人だけにされることが許されない（どちらの岸でも、舟の上でも）とすれば、2組の夫婦だけの場合に何回の川渡りが必要か？

16. 今度は、4組の夫婦の場合を考えよう。もし、今度も、(1) 川渡りに使う小舟が2人しか運ぶことができず、(2) どの女も自分の夫が居合わせなければ他の男と残されないように手はずを決めなければならないとすれば、彼らに必要とされる完全な川渡りの回数を決定せよ。解が可能なのは、川のなかに「一時立寄り地点」として利用する島がある場合だけであることを述べておこう。島に立ち寄ってそこから折り返すのは「完全な」川渡りには数えない。このバージョンでは、2人以上の女はいつでもどこでも彼らだけで残すことができる。

17. カークマンのパズルを解こう。15人の少女が3人ずつ5組になって7日間散歩することにし、どの少女も他のどの少女とも2度同じ組（3人組）になって歩かないようにするにはどうしたらよいか。

18. 箱のなかに20個のビリヤードボールがある。10個は白く、10個は黒い。あなたが目隠しをしたあと、色のそろった2個の球——すなわち、2個とも白球か、2個とも黒球——を確実に引き抜くには、最少で何個の引き抜きをしなければならないか？

19. ところで、箱に以下のような色と数の球が入れてある場合、色のそろった2個の球をもつことが確実であるためには最少で何個の引き抜きをする必要があるか？

　　A. 白が10個、黒が10個、緑が10個
　　B. 白が10個、黒が10個、緑が10個、黄が10個
　　C. 白が10個、黒が10個、緑が10個、黄が10個、赤が10個

どんなパターンが見えるか？

20. もし、たとえば、白が10個で、黒が8個、緑が4個というように球の数が変わっても、同じパターンが当てはまるだろうか？

21. 箱のなかで完全にごちゃ混ぜにされた6対の黒い手袋と6対の白い手袋があるとしよう。目隠しして黒あるいは白の1対の手袋を確実に取り出すには、最少で何回の引抜きをしなければならないか？

22. この種のすべてのパズルのなかでおそらく最も独創的なものは、ルイス・キャロル (1832–98) が考案したものであろう。偉大なパズリストであったキャロルは、いまや古典となった子供向けの本『不思議の国のアリス』(1865) と『鏡の国のアリス』(1872) の著者である。バッグのなかに1個の玉が入っていて、これは白いか黒いかのどちらかである。このバッグに1個の白い玉を追加して、バッグが振られ、そして1個の玉が取り出され、これが白であると判明する。1個の白い玉を取り出すチャンスはどれだけか？

組合せ論

23. セーラの家からビルの家へゆくのに3とおりの異なる道があり、ビルの家からシャーリーの家へゆくのに4とおりの異なる道がある。セーラの家からビルの家を通ってシャーリーの家へゆくには、いくつとおりの道筋があるか？

24. あるクラブに20人の会員がおり、会長と副会長が選ばれる予定である。いくとおりの異なる選挙の結果が可能か？ もし会長に選ばれる資格があるのが2人（ブレンダとヘザーとよぼう）だけだとしたならば、どうなるか？

25. アレックスはきっかり5つの異なる野菜を使ってスープをつくりたい。彼は12種類の野菜から材料を選ぶことができるとすれば、いく種類の異なるスープをつくることができるか？

3

フィボナッチの「ウサギのパズル」

私たちが多く知れば知るほど、世界はいっそう幻想的になり、周囲の闇はいよいよ深くなる。

オールダス・ハックスリー (1894 – 1963)

今日、私たちはヨーロッパの中世を「暗黒時代」とよぶことが多いけれども、その時代は私たちが一般に考えているよりもはるかに「啓発された」科学の時代であったことが明らかになっている。実際、中世の学者たちの努力に対する当時の支配的な宗教的寡頭制の抵抗が大きかったにもかかわらず、天文学、物理学、化学における重要な諸発見が彼らによってなされた。

しかし中世の知識のある分野においては、やはり「暗黒時代」という表現が適切なのかもしれない。13世紀の初めまで、数学においてほとんど進歩というものがなされたためしがなかった。それは、宗教的権威から何らかの反対があったからでもなく、また創意工夫がとくに欠けていたからでもない。そのころ使用されていた扱いにくく非効率的な記数法——ローマの記数法——によってそのような進歩がじゃまされていたためであった。ローマの数の体系が基礎としていたのは、特定の数値をもったアルファベットの7文字であった。それらは次のものである。

$I = 1$
$V = 5$
$X = 10$
$L = 50$
$C = 100$
$D = 500$
$M = 1000$

このローマの記数法がどれほど扱いにくいものであったかを理解するために、「二千二百五十三」という数字がどのようにつくられるかを見てみよう。

MMCCLIII ＝ 二千二百五十三

次に、このローマ数字を、今日私たちが使っている数字と比べてみよう。

2,253 ＝ 二千二百五十三

明らかに私たちの数字のほうがはるかにやさしく読める。そのわけは、数を組み立てるのに使われる原理が簡単である――数における各数字（各桁）の位置が10の累乗としてその値を示している――からである。これが私たちの体系を「10進法」とよぶゆえんである。以下に、10進数の2,253がどのように読まれるかを示す。千は10^3によって表すことができ（$10^3 = 10 \times 10 \times 10 = 1,000$）、百は$10^2$によって（$10^2 = 10 \times 10 = 100$）、十は$10^1$によって（$10^1 = 10$）、一は$10^0$によって（$10^0 = 1$）表すことができることに注意しよう。

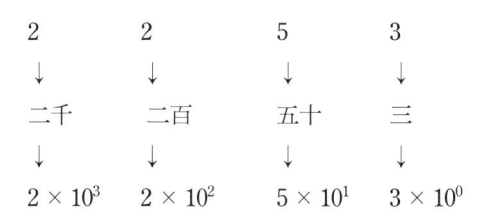

2	2	5	3
↓	↓	↓	↓
二千	二百	五十	三
↓	↓	↓	↓
2×10^3	2×10^2	5×10^1	3×10^0

そこで、たとえば、足し算$2,253 + 1,337 = 3,590$のような簡単な算術的な計算を、ローマ数字を使って実行してみよう。これは次のようにな

る。

$$\text{MMCCLIII} + \text{MCCCXXXVII} = \text{MMMDXC}$$

読者自身が確かめればわかるように、これは実にやっかいな仕事である。この計算をいっそう複雑にしているのは、より小さな数字がより大きな数字のまえにあることが、そのより小さな数字がそのより大きな数字から差し引かれなければならないことを示しているという事実である。すなわち、「九十」という数字はＸＣと書かれ、順番どおりに読めば「十百」であるが、意味は「百引く十」ということなのである。

そろばん

そろばん（算盤）は算術計算を容易にするために中国や他の国々で古くから用いられてきた道具である。これは、まず枠（箱）があって、それに縦に細い木か竹の棒（柱、串）がいくつか取りつけられ、それらの棒に珠を通したものである。これらの珠が数を表す。

典型的な中国のそろばんは、珠を貫いた串が横木（梁）によって上下に分けられている。おのおのの串には、横木より上に2個の珠、下に5個の珠がある。右側の最初の串は「一の位」を表し、2番目の串は「十の位」、3番目の串は「百の位」、…を表している。

文字に対する数値をすべて頭のなかにおきながら足し算を実行することは、大変な努力を必要としたに違いない。私たちが10進数で足し算を実行する際にほとんど努力を要しないことと比べると、とくにその違いがはっきりする。

```
  2,253
+ 1,337
―――――――
  3,590
```

　上で述べたように、10進法がローマの記数法よりも優れている点は、それが「そろばん原理」を基礎にしていて、位（桁）が10の累乗によって示されるという事実にある。この記数法における0の数字〔0の位〕によって、追加的な数字を用いないでも、「十一」（＝11）と「百一」（＝101）のような数を区別することができるのである。ある数字における0の数字は、その位置が「空」あるいは「から」であることを単純に私たちに語っているのである（なぜなら、どんな数に0を掛けようが0だから）。

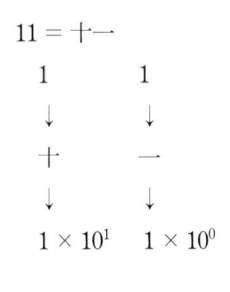

$11 = 十一$

　1　　　　1
　↓　　　　↓
　十　　　　一
　↓　　　　↓
1×10^1　　1×10^0

$101 = 百一$

　1　　　　0　　　　1
　↓　　　　↓　　　　↓
　百　　　（空）　　　一
　↓　　　　↓　　　　↓
1×10^2　1×10^1　1×10^0

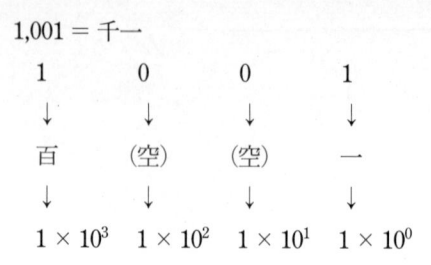

```
1,001 = 千一
 1      0      0      1
 ↓      ↓      ↓      ↓
 百    (空)   (空)    一
 ↓      ↓      ↓      ↓
1×10³  1×10²  1×10¹  1×10⁰
```

そういうわけで、今日世界中で用いられている記数法が10進法であることに何の不思議もない。これは紀元前3世紀にインドのヒンドゥー人によって初めて発展させられ、その後、7世紀から8世紀ごろにアラビア人の世界にもち込まれた。このアラビア（ヒンドゥー‐アラビア）記数法は、ローマ教皇シルヴェステル2世の努力によって1000年に初めてヨーロッパに達した。しかし、当時この方法はほとんど注目されなかった。二、三世紀あとに、はるかに実用的なやり方でこの記数法を中世ヨーロッパに再導入した人は、レオナルド・ダ・ピサ・フィリオ・ディ・ボナッチ（つまり「ピサのレオナルド、ボナッチの息子」）という名前のイタリアの実業家であった。彼は一般にレオナルド・フィボナッチとして知られている。

フィボナッチは1202年に『そろばんの書（リベル・アバーチ）』という適切な表題の教科書を出版し、10進法がローマの記数法よりはるかに優れていることを、ヨーロッパの同業者たちに納得させることに成功した。彼はこれを実行するにあたって、10進法を使えば容易に解ける一連のパズルと実際的な問題を考案したのである。この本の出版のあとまもなく、数学は文字どおり「離陸」し、ヨーロッパ全体で栄える学問となり、14世紀初期にイタリアで始まったルネサンスとして知られる学問の復興に影響を及ぼしただけではなく、そこに生命を吹き込むことができたのである。

レオナルド・フィボナッチ (c.1170 – 1240)

フィボナッチはピサに生まれ、ビザンティン帝国のあらゆる土地を旅行した。旅行中に、彼はアラビア世界で使用されている10進法について学んだ。1202年にピサに帰った彼は、『そろばんの書』を出版してこの記数法を解説し、その実用性と有効性をヨーロッパの読者に紹介した。

　フィボナッチはアラビア文化に非常に引きつけられていたので、彼の著書ではアラビア語の方式をまねて多くのことを右から左に書いた。たとえば、彼は数字を降順に書いたり（10、9、8、7、6、5、4、3、2、1、0）、分数を整数のまえにおいたりした（たとえば$4\frac{1}{2}$を$\frac{1}{2}4$と書く）。

「ウサギのパズル」が現れるのは『そろばんの書』のなかである。アルクインの「川渡りパズル」同様、このパズルは、数学が本質的にパターンの学問であることを浮き彫りにしている。このパズルの解法はきわめて多くの隠されたパターンを内包する数列をつくり出すので、今日にいたるも人々はそれらを膨らませ続けているのである。しかも、これでもまだまだ不十分だとでも言うように、現在フィボナッチの名を冠してよばれる数列は自然界と人間界に次から次と出現するのである！　もしつねにトップテン入りするパズルがあるとすれば、それはフィボナッチの「ウサギのパズル」である。

パズル

「ウサギのパズル」は『そろばんの書』の第3節に見出される。

　ある人が、1つがい（番）——雄と雌との1対——のウサギを非常に大きなかごに入れた。もし毎月おのおののつがいが新しい1つがいを

生み、そのつがいが生後2ヵ月目から再び1つがいを生むとすれば、1年あとには何つがいのウサギが生まれているか？　ただし、その年のうちにはどのウサギも死なないものと仮定する。

最初は、ただ1つがいのウサギ（最初のつがい）がかごにいるだけである。最初の月の終わりにも、かごにはなおその1つがいがいるだけである。なぜなら、このパズルは、1つがいのウサギが子を生むようになるのは生まれて2ヵ月目から、と言っているからである。2ヵ月目のあいだに、このつがいは最初の子孫のつがいを生む。こうして2ヵ月目の終わりには合計2つがいがかごにいる。これをまとめてみよう。

最初に
1つがいがかごに入れられる。
このつがいをF_1と名づけよう（「フィボナッチウサギつがいNo.1」という意味）。

1ヵ月目のあとには
かごのなかの、ウサギのつがいの総計：$F_1 = 1$つがい。

2ヵ月目のあとには
F_1がその最初の子孫のつがいを生んでいる。
この新しいつがいをF_2とよぼう。
かごのなかのウサギのつがいの総計：$F_1 + F_2 = 2$つがい。

2ヵ月目のあいだ、最初のつがいF_1（いまや完全に子を生める）のみが、もうひとつの新しいつがいを生む。パズルの規定する条件に従って（つがいは生まれて2ヵ月目から子を産むようになる）、F_2も子を生めるようになるには1ヵ月待たなければならない。したがって、3ヵ月目の

終わりには、かごのなかに合計3つがいがいる――1つがいの最初のウサギ、最初のつがいがこれまでに生んだ2つがいの子孫。

<u>3ヵ月目のあとには</u>
F_1 がもうひとつの新たなつがいの子孫を生んでいる。
これを F_3 とよぼう。
F_2 はまだ1つがいも生んでいない。まだ生まれて1月しかたっていないからだ。
かごのなかのウサギのつがいの総計：$F_1 + F_2 + F_3 = 3$ つがい。

さて、4ヵ月目には何が起こるか見てみよう。最初のつがい F_1 はなおもうひとつのつがいを生む。F_2 はいまやそれ自身の最初のつがいを生む。F_3 はまだ子を生み始めていない。それゆえ、この月の終わりには、計2つがいの生まれたてのつがいがかごに加わっている――F_1 からの1つがいと F_2 からの1つがい。全体で、この月の終わりには、以前の3つがいプラス新生の2つがいとなり、かごにはしめて5つがいのウサギがいることになる。

<u>4ヵ月目のあとには</u>
F_1 から新たな1つがいの子孫が生まれている。
これを F_4 とよぼう。
F_2 からその最初のつがいが生まれている。
これを F_5 とよぼう。
F_3 からはまだ1つがいも生まれていない。まだ1ヵ月間しかかごのなかにいないからだ。
かごのなかのウサギのつがいの総数：$F_1 + F_2 + F_3 + F_4 + F_5 = 5$ つがい。

5ヵ月目のあいだ、F_1から新たな1つがいが生まれ、同様にF_2（いまや完全に子を生める）からも生まれる。F_3はすでに1ヵ月間かごのなかにいた。ゆえに、F_3もいまや子を生めるようになり、自身の最初のつがいを生む。かごのなかの他の2つがいのウサギF_4とF_5はまだ子を生めない。ゆえに、5ヵ月目の終わりには、新生の3つがいが、以前からの5つがいに加わっている。こうして、かごには総計で8つがいいることになる（$5+3=8$）。

<u>5ヵ月目のあとに</u>

F_1が新たな1つがいの子孫を生んでいる。

これをF_6とよぼう。

F_2も新たな1つがいを生んでいる。

これをF_7とよぼう。

F_3はその最初のつがいを生んでいる。

これをF_8とよぼう。

F_4とF_5はまだ1つがいも生んでいない。どちらも1ヵ月間しかかごのなかにいないからだ。（F_4はF_1から生まれ、F_5はF_2から生まれた）。

かごのなかのウサギのつがいの総計：$F_1 + F_2 + F_3 + F_4 + F_5 + F_6 + F_7 + F_8 = 8$つがい。

解法の残りは同じように続いてゆくので、辛抱強い読者の練習用として残しておこう。12ヵ月目の終わりまでに、233つがいのウサギがかごのなかにいることになる。かごのなかに累積するつがいの数を月ごとにまとめると以下のようになる。

何ヵ月あと	かごのなかに何つがい？
開始	1つがい

1ヵ月	1つがい
2ヵ月	2つがい
3ヵ月	3つがい
4ヵ月	5つがい
5ヵ月	8つがい
6ヵ月	13つがい
7ヵ月	21つがい
8ヵ月	34つがい
9ヵ月	55つがい
10ヵ月	89つがい
11ヵ月	144つがい
12ヵ月	233つがい

ゆえに、フィボナッチのパズルの答は、12ヵ月ののちには233つがいのウサギがかごのなかにいるということになる。この答はそれだけでは別段おもしろくはない。しかし、その内部に潜む驚くべきパターンの種類は大変に興味深いものである。最初のパターンは、各月の終わりにかごのなかにいる次々のつがいの数を1列に並べることによって容易に見えてくる。

1、1、2、3、5、8、13、21、34、55、89、144、233

この数の列におけるおのおのの数は、そのまえの2つの数の和に等しい——たとえば、2（3番目の数）＝1＋1（まえの2つの数の和）、3（4番目の数）＝1＋2（まえの2つの数の和）、…というふうに。このような数の列における「隠された公式」によって、私たちはこの列を無限に延ばすことができる。233のあとの数を得るには、私たちは233に144を足すだけでよく、それは377に等しい。377のあとの数を得るには、

377に233を足せばよく、それは610に等しい。こうして無限に数が得られる。

　　{1、2、3、5、8、13、21、34、55、89、144、233、377、610、987、…}

数学においては、数の列、つまり数列は、括弧でくくられる。数列における数は項とよばれる。最後の3つの点々は、書かれた数のあとに無限の数の項が続くことを示している。したがって、このフィボナッチ数列は、数学の用語で言うと、無限数列のひとつである。無限数列とは、無限に続く順序づけられた数または他の量の連続したものを意味する。自然数は無限数列の1例である。なぜなら、そのなかに最後の数というものがないからである｛1、1、2、3、4、5、…｝。もし上の数列の一般項を F_n（フィボナッチ数を表す）と表記するならば、各項をつくり出す公式は次のように表される。

$$F_n = F_{n-1} + F_{n-2}$$

これは、フィボナッチ数列におけるどんな数 F_n も、そのまえの数 F_{n-1} とさらにそのまえの数 F_{n-2} とを加えることによって決定できる、ということを示す短縮した表現である。このような記号を読むのが困難かもしれない読者のために、具体的な例を考えてみよう。$n=6$ を選ぼう。これは上のフィボナッチ数列における「6番目」の数のことを指している。これは8という数である。ゆえに、この場合には、

$$F_n = F_6 = 8$$

したがって、F_{n-1}（すぐまえの数）はこの数列における5番目の数を

指す。ゆえに、その数は5である。よって、

$$F_{n-1} = F_{6-1} = F_5 = 5$$

F_{n-2}は、この数列の4番目の数を指し、その数は3である。

$$F_{n-2} = F_{6-2} = F_4 = 3$$

要約すると、$n=6$のとき、この公式$F_n = F_{n-1} + F_{n-2}$は次のように書き換えられる。

$$F_6 = F_5 + F_4$$
$$8 = 5 + 3$$

素数 vs 合成数

素数
整数は、もしその因数が1とそれ自身だけであるならば、素数とよばれる。因数とは、より大きな数を割り切る、より小さい数のことである。こうして、より大きな数はより小さな因数を掛けることによってつくられる。素数とは、要するに、因数に分解できない数である。例をあげると、

　　$3 = 3 \times 1$

　　$5 = 5 \times 1$

　　$19 = 19 \times 1$

1という数は、因数として定義されないことに注意せよ。

合成数

> 整数は、もし異なる因数から構成されているならば、合成数とよばれる。それらの最小の形では、合成数の因数はすべて素数である。例をあげると、
> $4 = 2 \times 2$
> $12 = 2 \times 6 = 2 \times (2 \times 3) = 2 \times 2 \times 3$
> $20 = 2 \times 10 = 2 \times (2 \times 5) = 2 \times 2 \times 5$
> 素数は明らかに私たちの数の体系の「構成単位」である。

フィボナッチ数の性質は長年にわたって広範に研究された結果、かなりの文献が蓄積されている。この数列に隠された基本的パターンは、1632年にフランス生まれの数学者アルベール・ジラール (1595?–1632?) によって本格的に研究された。1753年に、スコットランドの数学者ロバート・シムソン (1687–1768) は、数が大きさを増すにつれて、引き続く数のあいだの比は「黄金比」に近づくということに気がついた。しかし、フィボナッチ数におけるあらゆる種類の隠されたパターンを見つけて、それにフィボナッチ数列という名前をつけたのは、フランスの数学者でパズリストのエドゥアール・リュカである（リュカには第6章で出会うだろう）。フィボナッチ数列とは、1から始まって、おのおのの数がそのまえの2つの数の和であるような数列である。リュカはまたフィボナッチ数列の彼自身のバージョンをつくっており、それはリュカ数列として知られている。この数列はまさにフィボナッチ数列そのもののようであるが、それが2から始まる点が違うのである。

{2、1、3、4、7、11、18、29、47、76、123、…}

たとえば、彼らは、これが素数に関する重要な洞察を提供することを見出したのである。1962年、ヴァーン・エミール・ホガート (1921–81)

とブラザー・アルフレッド・ブルソー（1907 – 88）は、この数列とそれが隠している——しかも無限にあるらしい！——パターンを研究する目的だけのためにフィボナッチ協会なるものを設立した。この協会は翌1963年に『フィボナッチ・クォータリー』とよばれる季刊誌の出版を始めた。

数学的注釈

フィボナッチ数列において見出せるパターンの数は信じがたいものである。ひとつの単純なパズルの解にどうしてそれほど多くのことが含まれているのか？　私の知る限りでは、この質問に対する答は存在しない。ただひとつ言えることは、ひとつの単純なパズルからこの数列が導き出されることによって、数というものが結局のところ宇宙の秘密の言葉を構成しているというピタゴラス派の信念にいくらかの実体が付与されるということである。

フィボナッチ数列におけるパターン

フィボナッチ数列が隠しているパターンのいくつかを調べてみよう。もし、隣り合う2つのフィボナッチ数の比をとってゆくならば、その比は終わりのない小数（無限小数）0.6180339…に近づいてゆく。

$$\{1、1、2、3、5、8、13、21、34、55、89、144、233、377、610、987、\cdots\}$$

このフィボナッチ数列の隣り合う2つの数の比をとる。

$$\frac{5}{8} = 0.625$$

$$\frac{8}{13} = 0.615384$$

$$\frac{13}{21} = 0.619047$$

$$\frac{21}{34} = 0.617647$$

…

$$\frac{610}{987} = 0.6180344$$

…

この比は、黄金比——古代ギリシア人によって発見され、それ以来ずっと美的判断の標準と見なされてきた比——になることがわかる。フィボナッチ数列は非常に多くのパターンをそのなかにもっているので、それらをふるい分けるのに文字どおり一生を費やすことができるくらいである。以下にいくつかの他の例を示そう。

黄金比

「黄金分割」としても知られる「黄金比」は、ひとつの線分が2つに分けられるとき、長いほうの線分（図の AC）の全体の線分（AB）に対する長さの比が、短いほうの線分（CB）の長いほうの線分に対する長さの比に等しくなるように分割されるときの比である。この比は無限小数 0.6180339 … である。

AC/AB = CB/AC = 0.6180339 …

A―――――――――|C―――B

> 古代以来、哲学者や、芸術家、数学者たちがこの比に興味をそそられてきた。ルネサンスの著述家たちはこれを「神の比率」とよんだ。この比でつくられた形はどんなものでも特別な美しさを示すことが広く認められている。黄金比はまた不思議な形で自然界に存在することが見出されている。

▼ 隣り合う2つのフィボナッチ数の差をとってできる数列(たとえば、3 − 2 = 1、8 − 5 = 3、…)はもとの数列になる。

{1、1、2、3、5、8、13、21、34、55、89、144、233、377、610、987、…}

この数列における次々の数の差をとる。

$2 - 1 = 1$
$3 - 2 = 1$
$5 - 3 = 2$
$8 - 5 = 3$
$13 - 8 = 5$
$21 - 13 = 8$
… = …
↑
フィボナッチ数列(上から下へ読む)

▼ 隣り合う2つのフィボナッチ数の2乗の和はフィボナッチ数である(注意:たとえF_nがどんなフィボナッチ数であっても、F_{n+1}はそのあとの数である。また、記号F_n^2とF_{n+1}^2は隣り合う数F_nとF_{n+1}の2乗を表す)。

表3-1 フィボナッチ数

F_n	F_{n+1}	→ F_n^2	+ F_{n+1}^2	= フィボナッチ数
2	3	→ 4 ($=2^2$)	+ 9 ($=3^2$)	= 13
3	5	→ 9 ($=3^2$)	+ 25 ($=5^2$)	= 34
5	8	→ 25 ($=5^2$)	+ 64 ($=8^2$)	= 89
8	13	→ 64 ($=8^2$)	+ 169 ($=13^2$)	= 233
13	21	→ 169 ($=13^2$)	+ 441 ($=21^2$)	= 610
21	34	→ 441 ($=21^2$)	+ 1,156 ($=34^2$)	= 1,597
…	…	… …	… …	… …

▼ 3番目の数は2であり、そして2のあと3番目ごとの数はすべて2の倍数である（= 8、34、144、…）。4番目の数は3であり、そして3のあと4番目ごとの数は3の倍数である（= 21、144、987、…）。5番目の数は5であり、そして5のあと5番目ごとの数は5の倍数である（= 55、610、…）、というぐあいに続く。一般に、もしこの数列における n 番目の数が x ならば、x のあと n 番目ごとの数は x の倍数であることがわかる。

フィボナッチ数列に関して最も好奇心をそそる発見のひとつは、ブレーズ・パスカル (1623–62) の名をとって命名されたパスカルの3角形との意外な関係である。パスカルは、フランスの哲学者、数学者で、近代的な確率論の創設者でもある。パスカルの3角形は、与えられた行におけるひとつの数が3角形のなかのそのすぐ上の2つの数の和であるような、3角形の数の配列である。下図はこの3角形の一部である。

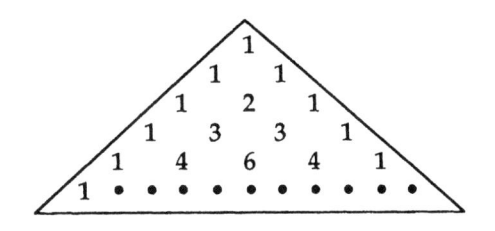

たとえば、上から4番目の行の最初の3はそのすぐ上の2つの数の和に等しい（1＋2＝3）。同様に、5番目の行の6はそのすぐ上の2つの数の和となっている（3＋3＝6）。結局のところ、パスカルの3角形における数の斜め方向の和は、フィボナッチ数列 {1、1、2、3、5、8、13、21、34、…} における数に対応するのである。

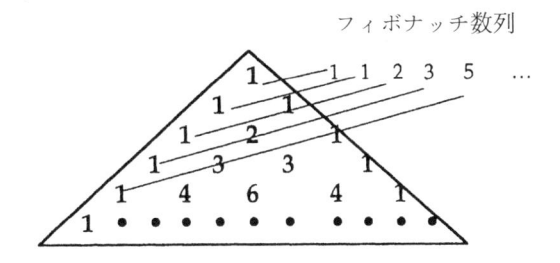

なぜパスカル数とフィボナッチ数がこのように対応するのか？　私の知る限りでは、この疑問に対する答はこれまで出されたことはない。この対応は現在もなぞのままである。

さてここで、それほどの驚きではないかもしれないが、それでも十分魅惑的な、フィボナッチ数列におけるパターンのひとつを見てみよう。最初の10個の数を足し合わせることから始める。

(1)　$1 + 1 + 2 + 3 + 5 + 8 + 13 + 21 + 34 + 55 = 143$

この和は 11 で割り切れることがわかる（143 ÷ 11 = 13）。ところが、驚いたことに、これと同じ結果が、どの 10 個の隣り合うフィボナッチ数の合計にも当てはまるのである。たとえば、この数列の 55 で始まる 10 個の数をとってみよう。

(2) 　55 + 89 + 144 + 233 + 377 + 610 + 987 + 1,597 + 2,584 + 4,181 = 10,857
そして
10,857 ÷ 11 = 987

もしこれら 2 つの例をもっと注意して調べてみるならば、これらの引き続く 10 個の数の和は、この選ばれた 10 個の数列における 7 番目の数の 11 倍に等しい、ということがわかるのである。例 (1) では、7 番目の数は 13 で、13 × 11 = 143 である。また例 (2) では、7 番目の数は 987 で、987 × 11 = 10,857 である。

　読者はここで尋ねるかもしれない。何のためにそんなパターンを探すのか？　それが何かの役に立つのか？　ああ、それが問題なのだ、とシェークスピアなら言ったはずだ。フィボナッチ数は宇宙を支配しているように見える。実際、フィボナッチ数は、関数の研究に、コンピュータプログラミングの技術に、そして多くの他の数学分野に、数えきれないほど多くの応用面があるのである。《省察》において簡単に指摘してあるように、フィボナッチ数は自然界だけでなく、あらゆる種類の人間の事柄にも見出されるのである。そのような注目すべき思いがけない発見が提起する疑問は、量子力学の創設者の一人、ポール・ディラック (1902–84) の心に浮かんだ疑問と同じものである。それは、ディラックが、2 個の電子間の電磁力の強さが 1/137 という定数を与えるという発見を熟考していたときのことである。この発見があまりに驚くべきことだと思った彼は、天国にいったら、神に『なぜ 1/137 なのか？』とひと

つだけ質問したい、と言ったと伝えられている。ディラックの質問に「なぜフィボナッチ数なのか？」という質問をつけ加えてもよいだろう。

　数学者たちは、フィボナッチ数がまったく思いがけない場所にそして驚くべき仕方で出現することを理解し始めるにつれて、あらゆるフィボナッチ数を計算するための効率的な方法を見つけることに興味をもつようになった。原理的には、これは難問ではない。たとえば、100番目のフィボナッチ数を知るためには、私たちは98番目の数と99番目の数を足すだけでよいのである。とはいえ、これでもまだ私たちが98番目までのすべての数を知っていなければならないことを意味する。それは実に退屈な仕事であることがわかる。このため、19世紀半ばにフランスの数学者ジャック・ビネー（1786 – 1856）は、レオンハルト・オイラー（1707 – 1856）とアブラハム・ド・モアヴル（1667 – 1754）の計算をもとにして、ひとつの公式を組み立てた。これによって私たちは、この数列におけるその位置 n さえわかっていれば、どんなフィボナッチ数でも見つけることができるようになった。ビネーの公式は次のように与えられる。

$$F_n = \frac{1}{\sqrt{5}}\left[\left(\frac{1+\sqrt{5}}{2}\right)^n - \left(\frac{1-\sqrt{5}}{2}\right)^n\right]$$

いかにしてビネーがこの公式に達したかを説明することは本章の目的を超えている。ただ、これは完全に「黄金比」をもとにして導かれた公式である、と言えばそれで十分であろう。読者はこの公式にさまざまな n の値を入れてみることにより、この公式の正しさを確かめることができる。

数列（と級数）

フィボナッチ数列とは、難しく言えば、ある規則によってつくり出された数の列である。注意：負の数は、数直線上でゼロより左におかれる数

である。

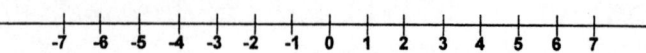

```
—┼——┼——┼——┼——┼——┼——┼——┼——┼——┼——┼——┼——┼——┼——
 -7  -6  -5  -4  -3  -2  -1   0   1   2   3   4   5   6   7
```

負の数が使われるのは、たとえば、天候に言及するときである。この場合に、負の値は「ゼロより左」と言われる代わりに「ゼロより下」(零下) と言われる。これは、温度計の数直線がふつう上から下へと垂直に——右から左へ水平にではなく——読み取られるからである。

数

整数

整数には次の3つのグループがある。

自然数：{1、2、3、4、5、6、…}

ゼロ：{0}

負の数：{－1、－2、－3、－4、…}

分数

例：{1/2、－2/3、7/9、14/23、…}

整数と分数がいわゆる有理数を構成する。

無理数

無理数（根数としても知られる）は、整数として、あるいは2つの整数の比として表すことのできない数である。

例：$\{\sqrt{2}、\sqrt{5}、\sqrt{19}、\sqrt{23}、…\}$

有理数と無理数が「実数」を構成する。実数系には「超限数」や

「複素数」もあり、前者については第6章で論じるが、後者については本書の範囲外である。

以下は数列の例である。
(1) −5、−10、−15、−20、−25、…
(2) 5、10、20、40、80、…
(3) 1、3、5、7、9、…
(4) 2^2、2^4、2^6、2^8、…

数列(1)では、各項はそのまえの項に−5を加えたものである。数列(2)では、各項とまえの項との比は2である、すなわち、各項はまえの項に2を掛けたものである。数列(3)では、各項とまえの項との差は2である。数列(4)では、隣り合う項どうしの因数は2^2である、すなわち、各項はまえの項に2^2を掛けたものである。数列(1)と(3)は、算術(等差)数列とよばれ、また数列(2)と(4)は、幾何(等比)数列とよばれる。これらは第6章で論じられるだろう。

数列を体系的に研究した最初の人は、ドイツの偉大な数学者カール・フリードリヒ・ガウス(1777 – 1855)であった。伝えられるところによると、数学の先生が1から100までの数を全部足しなさいと言ったあとでガウスが先生を驚嘆させたとされるのは、彼がわずか10歳のときであったという。数秒後にガウスは手を上げ、5,050という正しい答を言った。先生が、どうしてそんなに速く答を見つけ出すことができたのかと小さなガウスに尋ねたとき、ガウスは大体次のように答えたと言われている。

ぼくは数を順番に並べ、この数の並びからまんなかの数50と最後の数100を除きました：{1、2、3、…、49、51、52、…、97、98、99}。この数の並びには、足して100になる49対の数があります。これら

の対は次のような構成になっています。この数の並びにおける最初の数と最後の数（$1 + 99 = 100$）、2番目の数と最後から2番目の数（$2 + 98 = 100$）、3番目の数と最後から3番目の数（$3 + 97 = 100$）、という具合にです。これで4,900になることはすぐわかります。これに、さきに除いた50と100を加えますと5,050になります。

要するに、ガウスはすでに算術数列 {1、2、3、…、100} の和の求め方を発見し、それを証明していたのである［数列の各項を＋でつないだものはとくに級数とよばれるが、本書では用語として数列と級数の区別はとくになされていない］。ガウスと彼の級友たちに出された問題をもっと一般的に表現すると次のようになる。n 個の連続する数の和 $\{1 + 2 + 3 + \cdots + n\}$ はどれだけか？答は $n(n+1)/2$ である。n に100を代入すると答が出る。

$$\frac{n(n+1)}{2} = \frac{100(100+1)}{2} = \frac{(100)(101)}{2} = \frac{10{,}100}{2} = 5{,}050$$

この公式がどのように案出されたかを理解するために、ガウスが頭のなかでおおよそ描いたことを少し修正して紙に書いてみよう。まず、数字を1から順に100まで書いてゆき、次にその下に反対の順序で同じ数字を書く。

(1)　　1　　2　　3　　…　100
　　　　↕　　↕　　↕　　　　↕
(2)　　100　99　98　…　1

次に、各列（上と下）の2つの数を加える。

(1)　　1　　2　　3　　…　　100

	+	+	+		+
(2)	100	99	98	...	1
和	101	101	101	...	101

どの場合の和も同じ——101——になることに注意しよう。この和は何回出てくるか？ 100列（縦の列）あるから、このような和は100回出てくる。すべての列（上下）の総和は$100 \times 101 = 10{,}100$となる。ところで、これは1から100までのすべての整数の和の2倍である。なぜなら、私たちは2つの数列を足したからである——上の数列は最初の数列で大きさ順に並べたもの、下の数列は同じ数列を逆順に並べたものである。ゆえに、あとはこの総和を半分に割るだけである。すなわち、$10{,}100/2 = 5{,}050$。上の計算を算術的に要約すると次のようになる。

$$\text{最初の100個の数の和} = \frac{100 \times 101}{2} = 5{,}050$$

それでは、この算術的な形を一般化してみよう。101は、この数列における項の数つまり100より1大きいことに注意しよう。ゆえに、もしnをある数列における項の数とすれば、$(n+1)$はnより1大きい数を表す。

$$\begin{array}{cc} n & (n+1) \\ \downarrow & \downarrow \end{array}$$

$$\text{最初の100個の数の和} = \frac{100 \times 101}{2} = 5{,}050$$

$$\text{最初の}n\text{個の数の和} = \frac{n \times (n+1)}{2}$$

この公式は、より一般的に、$S_{(n)} = n(n+1)/2$ と書かれる。$n = 15$ として、この公式から、最初の 15 個の数の和 $\{1 + 2 + 3 + 4 + \cdots + 15\}$ を求めてみよう。

$$S_{(n)} = \frac{n \times (n+1)}{2} = \frac{15 \times (15+1)}{2} = \frac{(15)(16)}{2} = \frac{240}{2} = 120$$

私たちは第 6 章で数列の話題にもどるであろう。ここでは、数列の研究が可能になったのは第一に 10 進法のおかげである、ということを心に留めればそれで十分である。まえに述べたように、10 進法の数学への導入は主にフィボナッチの努力のおかげだったのである。フィボナッチ数列そのものは、もしもそれが 10 進数で書かれていなかったとしたら、それがもつ多くの隠された魅力あるパターンをこれほど容易に人目にさらすことはほとんどなかったに違いない。

省察

フィボナッチ数列に存在し、数学者たちがそれから引き出し続けている、見たところ無限のこの数のパターンは、この真に驚くべき数列について語るべき物語のすべてなのではない。何か不可思議な理由で、フィボナッチ数は自然界に姿を現すのである。ヒナギクは 21 枚、34 枚、55 枚、または 89 枚の花弁をもつ傾向がある（それぞれ、この数列における 8 番目、9 番目、10 番目、11 番目の数である）。エンレイソウ、ノイバラ、サンギナリア、オダマキ、ユリ、アヤメなどの植物の花弁もフィボナッチ数として出現する。一般に、もし茎の基底部の近くから始めて、上へ数えてゆくならば、葉序における数はフィボナッチ数列の連続する数の拡大と一致することがわかる。しかもそれで全部ではない——フィボナ

ッチ数は人間のいとなむ諸形式や諸事においても絶えず現れる。たとえば、西洋音楽における主和音は、7音音階における第3度、第5度、第8度の——すなわち、フィボナッチ数列における第4項、第5項、第6項に対応する——音程からつくられているのである。

要するに、もし私たちがいかに見るかさえわかれば、植物、詩歌、交響曲、芸術形式、コンピュータ、太陽系、株式市場などどこにでもフィボナッチ数を見出すことができるというわけである。こうした話題についての本や記事は無数に書かれている。これらの「説明されていない発見」のすべてが、究極的には、アラビア記数法の実用性を説明するために考案された単純なパズルにまでさかのぼることができるというのは、本当に驚くべきことである！　数学は宇宙の秘密の言葉であるというピタゴラス学派の信条が、その後の歴史のなかでフィボナッチ数列の思いがけない出現によって実証されているかのように思われるのである。

ついでながら、同じことが「黄金比」についても観察することができる。この比は、ギリシア文字 ϕ（フィー、英語ではファイと読む）によっても知られ、貝殻や松笠の螺旋形、その他の自然の対称性を記述する。黄金比は、レオナルド・ダ・ヴィンチとミケランジェロによって彼らの視覚芸術の傑作のなかに取り入れられたと言われている。またこの比は、エジプトのピラミッドやギリシアのパルテノンを建設するために用いられた比率のなかに明らかに見出される。ピタゴラス学派が感づいていたように、フィー（ϕ）は、宇宙がどのようにはたらいているかを知るための重要な手がかりを提供するかもしれない。もちろん、フィボナッチ数列についても同様である。

探求問題

パターンの探知

26. フィボナッチ数列には無限のパターンが存在する。たくさんのパ

ターンがいまも発見されるのを待っている。あなたはいくつのパターンを見つけることができるか？

27. 1、2、3から始めて、どの数もすぐまえの3つの数の和であるような数列を組み立てよう。

{1、2、3、6、11、20、37、68、125、230、423、778、…}

この数列にどんなパターンが見つけられるか？

さまざまなパズル

フィボナッチの目的は、パズルと実際的問題を使ってヨーロッパの読者に10進法を紹介することであった。以下は手の込んだパズルであるが、それにもかかわらず、この記数法のおかげで計算が容易になっている。

28. ティムは、喫煙が有害で、まったく愚かなことだということがようやくわかってきた。そこで彼は、ポケットに残していた27本の紙巻きタバコを吸い終えたときに喫煙を止めることに決心した。ティムには1度に1本のタバコを3分の2だけ吸う習慣があった。吸いさしを再び巻いて新しいタバコをつくってそれを吸うことも彼の習慣であった。もし彼が1日に1度だけ吸ったとすれば、最終的に彼の悪い習慣を止めるまでに何日が経過したか？

29. あるパーティーで50人ないし60人の人がいる。ジェーンは彼らを1度に1人数えていたとき次のことに気がついた。もし彼女が彼らを1度に3人数えれば、彼女の計算方法で2人が余るが、もし1度に5人数えたならば、4人が余る。このパーティーには何人の人がいたか？

30. テーブル上に2つの容器AとBがある。BのサイズはAのサイズの2倍である。Aにはワインが半分入っており、Bにはワインが4分の1入っている。次にこの2つの容器に水を入れていっぱいにし、2

つの中身を3番目の容器Cに注ぐ。Cの混合液におけるワインの割合はどれだけか？

31. 倉庫火事のあいだ、1人の消防士が梯子のまんなかの段の横木に立ち、燃える倉庫にポンプで放水していた。一分後、彼女はさらに3段上に登って新しい位置から放水を続けた。それから数分後、彼女は5段降りてまた新しい位置から放水し続けた。半時間後に彼女は7段登り、また新しい位置から放水して、ついに火は消えた。それから彼女は残り7段を登って倉庫の屋根に上がり、そこから景色を見渡した。梯子には何段の横木があったか？

数列（と級数）

32. 前章で論じたように、n項からなる算術数列（級数）の和は、公式 $S_{(n)} = n(n+1)/2$ で与えられる。またすでに見てきたように、幾何数列とよばれるもうひとつの主要な数列のタイプがあり、それは、隣り合う各項がまえの項と一定の比で異なる数列であると定義される。たとえば、次の数列では、各項とすぐまえの項との比は2である、すなわち、各項はその直前の項に2を掛けて得られている。

$$\{2、4、8、16、32、64、128、\cdots\}$$

この数列の根底にある「構造」は次のようである。

初項	第2項	第3項	第4項	$\cdots$	第n項
2	$4 = 2 \times 2$	$8 = 4 \times 2$	$16 = 8 \times 2$	$\cdots$	?

この数列の一般項を表す公式を導こう［数列の第n項を、nの式で表したものを一般項という］。

33. もしガウスの先生が生徒たちに、1から100までの偶数だけの和を

求めなさいと言っていたらどうだろうか？　この宿題をすばやくやる方法を見つけ出そう。また、1 から 100 までのすべての奇数の和を見つけるにはどうすればよいか？

4

オイラーの「ケーニヒスベルクの橋」

もし私に何か欲しいものがあるとしたら、それは、
財産でも権力でもなく、可能性のあるものに対する情熱的な感覚、
すなわち、可能なものが見える、いつまでも若くて熱烈な目である。
快楽は人を失望させるが、可能性は決して人を失望させることはない。
そしてワインは、可能性と同じように、何とよく泡立ち、
何と芳しく、何とまあ人を酩酊させることか！
セーレン・キルケゴール (1813 – 55)

歴史上最も偉大で最も多作な数学者であったレオンハルト・オイラーには、つまらないことに浪費する時間がなかったに違いない。したがって、彼が、数学的な着想を調べたりモデル化したりするためにパズルを創作した、という事実は多くのことを物語っている。たとえば、オイラーは1779年に行と列に並べた数の性質を研究するために、有名な「36人の士官のパズル」を考案したが、これはその後まもなく代数学における「行列」の概念を導くことになった思考様式であった。行列とは、算術演算のような特定の数学的目的のための数、もしくは記号を扱うのに使用することのできる数、または代数記号の配列であると定義される。

しかしながら、オイラーの最も重要なパズルはおそらく彼の「ケーニヒスベルクの橋のパズル」であろう。これは『ケーニヒスベルクの7つの橋』と題する有名な1736年論文に明確に述べられている。彼は、このパズルが数学にとって潜在的な重要性があると確信していたのである。しかし、おそらく、その彼でさえも、このパズルがこれほど多くの革命的洞察——今日、グラフ理論や位相幾何学として知られる2つの独立した分野の確立をもたらすことになった洞察——を含んでいたとは想像だにしなかったに違いない。このような理由から、また初めてこれに出合った人たちが必ず興味をそそられるという理由から、オイラーのパズルはつねにトップテンのひとつにランクづけされるのである。

レオンハルト・オイラー (1707 – 83)

オイラーはスイスのバーゼルに生まれ、微積分学の発展に貢献したヨハン・ベルヌーイ（1667 – 1748）のもとで学んだ。1727年から1766年まで、彼はサンクトペテルブルとベルリンの大学で数学と物理学の教授として働いた。オイラーが主要な貢献をした分野は、整数論、つまり彼自身が創設者となった分野であった。

著書『無限解析入門』(1748) において、オイラーは、代数学や、三角法、解析幾何学の基本原則と方法に関する最初の完全な取扱いを与えた。彼は主として数学者であったが、天文学、力学、光学、音響学などにも貢献した。

パズル

ドイツの町ケーニヒスベルクのなかをプレーゲル川が流れている［ケーニヒスベルクはかつて東プロイセン州の州都であったが、第二次世界大戦後はソ連領（現ロシア領）となり、カリーニングラートとよばれている］。この川には2つの島があり、オイラーの時代には本土と7つの橋で結ばれていた。この町の住民は、町の1地点から歩き始めて、おのおのの橋を2度渡ることなく、全部の橋を渡って出発点にもどることができるかどうかについてしばしば論争していた。誰ひとりそのような道を見つけたことはなかったが、なぜそれが不可能であるらしいかを説明できた人もいなかった。オイラーはこの論争に興味を引かれるようになり、これを古今最大のパズルのひとつに仕立てたのである。

ケーニヒスベルクの町を流れるプレーゲル川には2つの島があり、7つの橋が本土とのあいだをつないでいる。どの橋も2度渡ることなく7つの橋すべてを渡ることができるか？

この地域の略地図を以下に示す。土地は大文字（A、B、C、D）で表

し、橋は小文字（a、b、c、d、e、f、g）で表してある。

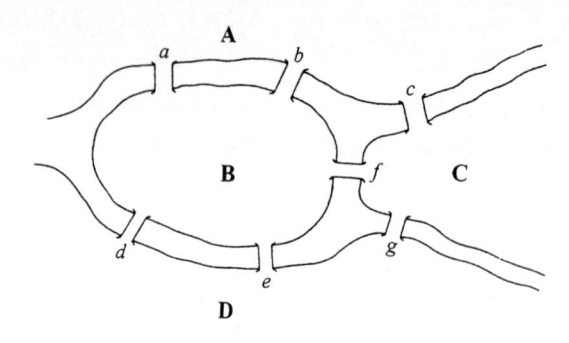

　オイラーは、それらの橋の少なくともひとつを2度渡ることなしに一巡することは不可能である、ということを証明することにした。彼はこの地域の地図を単純化し、グラフとして知られる輪郭線に変え、このパズルを次のように述べ直した。

　鉛筆を紙面から離さずに、どの辺（線）も2度たどることなく、次のグラフを描くことができるか（一筆書きができるか）？

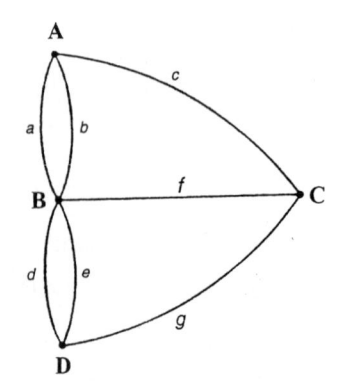

オイラーがはっきり理解したように、このパズルのグラフ版はより扱いやすい状況の描写を提供している。なぜならば、この図形は、気を散らす土地や橋の形状を無視し、土地を「点」または「頂点」に帰着させ、橋を「道」または「辺」として描いているからである。これは現代のグラフ理論で「ネットワーク」とよばれている。

オイラーの解法を理解するには、異なる偶数と奇数の頂点をもった単純なネットワークをいくつか考察することが助けになる。偶数個の辺が1点に集まるところは「偶頂点」とよばれ、また奇数個の辺が1点に集まるところは「奇頂点」という。

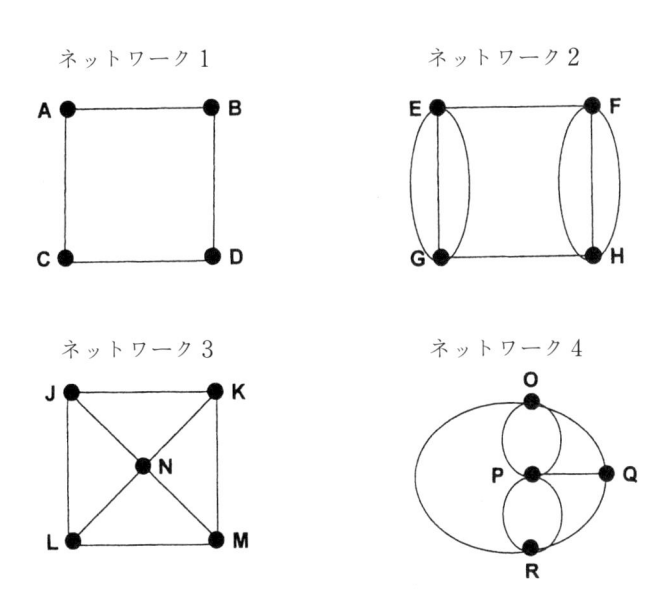

ネットワーク1

ネットワーク2

ネットワーク3

ネットワーク4

ネットワーク1では、偶数個の道（2つの直線）がその4つの頂点のおのおので集まっている。どの頂点から始めても、このネットワークはどの道も折り返す必要がなく容易に一巡できる。ネットワーク2では、偶

4：オイラーの「ケーニヒスベルクの橋」 | 101

数個の道（4つの線——2つの直線、2つの曲線）がその4つの頂点のおのおので集まっている。この場合もまた、読者は鉛筆でこのネットワークをなぞって、すでに通った道を2度通る必要なしに容易にすべての道をたどることができるだろう。ネットワーク3では、奇数個（3つ）の道が4つの外側の頂点（J、K、L、M）のおのおので出合っており、偶数個（4つ）の道が内側の頂点Nで出合っている。このネットワークをたどることは、折り返すことなしには不可能であることがわかる。ネットワーク4では、最上部の頂点Oは偶頂点であり、4つの曲がった道がそこに集まっている。そのすぐ下の頂点Pは奇頂点で、ひとつの直線と4つの曲線の道がそこで出合っている。最下部の頂点Rは偶頂点であり、そこに4つの曲線の道が集まっている。その右側の頂点Qは奇頂点で、2つの曲線の道とひとつの直線の道とがそこで出合っている。合計で、2つの奇頂点と2つの偶頂点がある。ネットワーク4はどの道も折り返すことなく容易に回ることができる。

　ここにどんな隠されたパターンがあるのか？　もっと多くの道と頂点をもった、より複雑なネットワークをつくってみると、その道のいくつかを引き返さないことには、3つ以上の奇頂点をもつネットワークをたどることはできないことが示される。オイラーはまさにこの事実を実に簡単なやり方で証明したのである。

▼　ネットワークはそのなかに偶数個の道ならいくつでももつことができる。なぜならば、ひとつの偶頂点で集まるすべての道が「使い切られる」には、それらのどの道であれ折り返す必要がないからである。たとえば、たった2つの道をもった頂点では、ひとつの道がこの頂点に達するのに使われ、もうひとつの道がここを去るのに使われる。ゆえに、これら2つの道が使い切られるに際して、そのいずれの道においても折り返す必要がないのである。もうひとつの例として、4つの道をもった頂点を考えよう。私たちはひとつの道を使ってこの頂点に達し、2番目の

道を使って出てゆく。次に、3番目の道を使ってこの頂点にもどり、4番目の道を使って出てゆくことができる。今度もまたすべての道が使い切られたのである。同じ推論がどんな偶頂点でも成り立つ。

▼　これに反して、奇頂点では、使い切られないひとつの道がつねにある。たとえば、3つの道をもった頂点では、この頂点に達するのにひとつの道が使われ、ここを去るのにもうひとつの道が使われる。しかし3番目の道はこの頂点へもどってくるのに使われるだけである。出てゆくには、すでに使われた3つの道のどれかひとつで折り返されなければならない。同じ推論がどんな奇頂点にも成り立つ。

▼　ゆえに、ネットワークがそのなかにもつことのできる奇頂点は、たかだか、2つである。しかもこれらの2つは出発点と最終点でなければならない。どうしてか？　ひとつの奇頂点をAとよび、他の奇頂点をBとよぼう。奇頂点であるから、Aでは、使い切られない道がひとつある。同様にBでも、使い切れないひとつの道があるだろう。しかしながら、もしこれらの道のひとつが出発に使われ、他方の道が最終点にゆくのに使われるならば、これら2つの道は結果として使い切られることになるだろう。

▼　しかしながら、もしこのネットワークにこのほかにひとつでも奇頂点があるならば、折り返さなければならない道がひとつまたはそれ以上あることになる。

さて、この原則をケーニヒスベルクのグラフに応用してみよう。このネットワークは4つの頂点をもっている。どれもみな奇頂点である（読者が自身で確かめられるように、$A = 3$、$B = 5$、$C = 3$、$D = 3$である）。つまりこのことは、このネットワークが、すでになぞった道を折り返すことなしには一筆書きによってなぞることができない、ということを意味する。こうしてオイラーは、彼の独創的な証明を用いてケーニヒスベルクの橋についての論争をきっぱりと解決したのである。

数学的注釈

現代のグラフ理論、位相幾何学、および不可能性の数学的研究に対するオイラーのパズルの意義をここで詳しく論じることはとてもできない。それには膨大な紙数が必要になるだろう。そこで、本書ではこれらの分野における基礎的概念を考察することに議論を限ることにしよう。

グラフ理論と位相幾何学

グラフ理論が数学的方法に与えた衝撃は大きかった。なぜなら、この理論はそれまで別のものと考えられていた諸分野をひとつにまとめたからである。グラフ理論は、現在、あらゆる種類のグラフの記述を扱う数学の一分野となっている。グラフとは、結節点（頂点としても知られる）と線（辺としても知られる）からなる図形である。より高次元のグラフは平面的グラフおよび非平面的グラフとよばれる。すべての辺をちょうど1回だけ通ってたどれる道はオイラーの道（または路）とよばれる。下のグラフに示すD－E－A－B－C－F－E－B－F－D－Cという道がオイラー・グラフであることは、読者みずから確かめることができる。

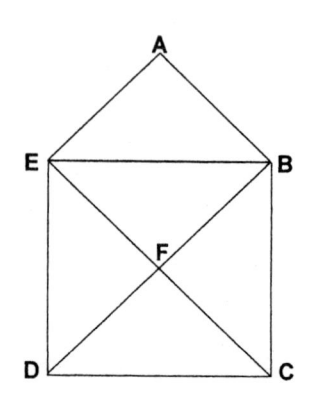

オイラー・グラフであるかもしれないか、あるいはそうでないかもしれないグラフの例としてよく知られているものは、アイルランドの数学者、ウィリアム・ローアン・ハミルトン（1805 – 65）の名をとってよばれるハミルトン回路である。形式的には、これは、もしかすると同じ頂点となる出発点と最終点を除いて、グラフ上のすべての頂点を一回だけ訪れるような道である。ハミルトンは1857年にこれを『世界一周』とよぶゲームとして提出した。このゲームの目的は、図のような地図の辺に沿って世界一周旅行をすることである。

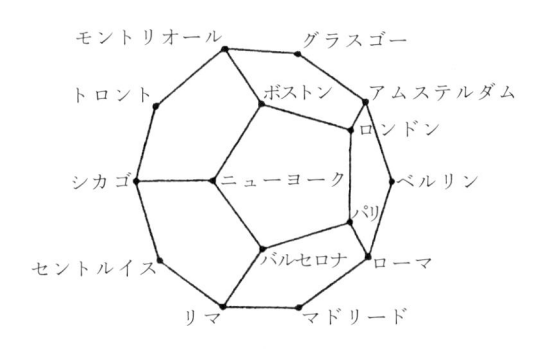

ハミルトン回路はひとつずつ調べなければならない。オイラーの道——もしあるとして——を見つけ出すことは試行錯誤と洞察と運の問題なのである！　もしこの地図が約束どおりたどれるものならば、読者はハミルトンのゲームをぜひやってみたいと思うだろう〔実は、この図は正12面体のちょうどこちら側半分、つまり西半球を表している〕。

　ケーニヒスベルクの橋の問題のオイラーによる証明から数十年後に、数学者たちは、変形されたあとも構造的な特徴を維持する図形を研究し始めた。そのような図形の観察は、やがて、形とその性質の研究を導き出し、次第に、位相幾何学とよばれる独立した数学の一部門を発展させていった。そしてこの分野を最初に包括的に取り扱った『基本的関係の

理論』と題する本が、1863年に出版される。この本の著者はドイツの数学者アウグスト・メービウス (1790 – 1868) であった。彼はメービウスの帯とよばれる実に不思議な図形の発案者である。

そのような図形をつくるには、紙の帯のまんなかに点線を引くことから始める。次にこの帯を半分だけねじり、それから両端をはり合わせる。読者のほうでもこのやり方に従って実行してほしい。

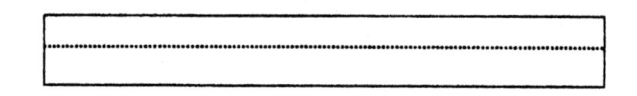

さて、この帯はいくつの面をもっているか？　点線に沿って鉛筆を走らせると、何と私たちは出発点にもどるのである。

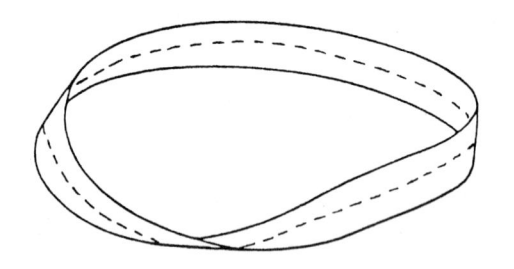

メービウスの帯にはひとつの面しかないのである。もとのつないでない帯には2つの面があったのだが！　いっそうややこしいことには、もしこの帯を鉛筆でなぞった線に沿って切っても、それは離れないのである。まるで魔法にかけられたかのように、2つの帯はつながれてひとつになるのである——ぜひとも読者自身で確かめてほしい。そのような帯は2つの帯からつくられたので、長さはもとの帯の2倍で、幅は半分なのである！

ドイツの数学者フェリックス・クライン (1849 – 1925) はメービウスの

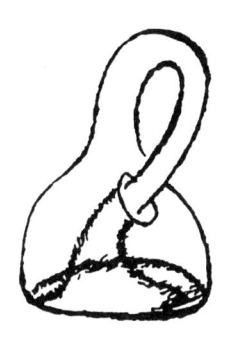

帯にすっかり魅了されるようになり、1882年にそれの「ボトル・バージョン」を発案した——これはクラインの壺として知られている。

この壺は、ひとつの面しかない閉じた（境界がない）曲面である。さらにそれには内側というものがない！　実際、たとえそれに水を注ぎ込んだとしても、水は注ぎ込まれたと同じ穴から出てくるだろう。もし縦に2つに切ったならば、この壺は2つのメービウスの帯になってしまう。では、いかにしてクラインはこの常識はずれの壺をつくったのか？　その基本的な作成原理はいたって簡単なものである。1本のゴム管をとり、下図のように、それに穴を開け、一方の端をそのなかに差し込むのである。

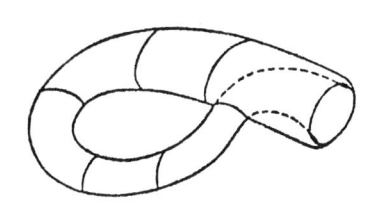

この結果できた面は端（境界）のない閉じた曲面である。たとえどこか

ら道を出発しても、私たちは出発点にきてしまうのである。たとえどこでこの曲面を貫こうが、私たちは相変わらずそれの外側にいるのである。

ここにきて読者は尋ねるであろう。大変おもしろいことには違いないが、そのような位相幾何学の奇妙な性質は一体何の役に立つのか、と。この疑問に答えるには大冊の本が必要だろう。ここでは、そのような奇妙きてれつな形は位相幾何学の発展にとって重要であったばかりでなく、多くの実際的な応用と意義をもっているのであるとだけ言えば十分である。たとえば、メービウスの帯として設計されたコンベヤーベルトやオーディオテープは磨耗が両面で等しいので、片面を使うよりもずっと長く使用に耐えるのである。DNAはメービウス的な構造をもっている。宇宙もまた、まさにこのような構造をもっていると多くの科学者たちは考えている。このリストは現在も次々と追加されている。

位相幾何学（トポロジー）が関係するのは、形の「内側」か「外側」か、といった事柄である。たとえば、円は平面を内側と外側の2つの領域に分ける。円の外側の1点は、この平面におけるひとつの連続的な道によって円周を横切ることなく、円の内側の1点につなげることができない。もしこの平面が変形されるとしたら、それはもはや平らでもなめらかでもなくなり、この円はぐにゃぐにゃの曲線になるであろうが、相変わらずこの曲面を内側と外側に分けているだろう。そのようなことが位相幾何学の定義する構造的特性なのである。位相数学者たちはあらゆる種類の図形を研究する。彼らは、たとえば、ねじったり、引き伸ばしたり、あるいは別な方法で変形することができるが、引きちぎることのできない結び目（結び糸）というものを研究する。2つの結び目は、もし一方から他方に変形されうるならば同値であるといわれる。

オイラーは図形について、いくつかの基本的な位相幾何学的性質を発見した。たとえば、3次元の図形の場合に、彼は、もし頂点の数 (v) から辺の数 (e) を引き、そして面の数 (f) を足すならば、その結果は

つねに 2 になることを見出した。

$$v - e + f = 2$$

たとえば、立方体を考えよう。

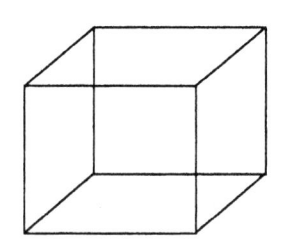

この立方体に頂点（鋭い角(かど)）はいくつあるか？——8つある。辺はいくつあるか？——12 ある。面（平らな側面）はいくつあるか？——6つある。これらの値を上の公式に入れると、この公式が規定する関係が成り立っていることがわかる。すなわち、

$$v - e + f = 2$$
$$8 - 12 + 6 = 2$$

それでは、4面体にこの公式を試してみよう。

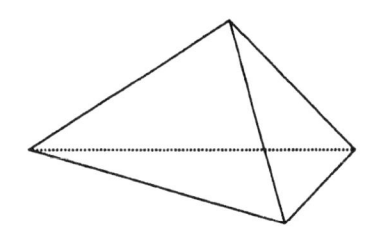

図からわかるように、4つの頂点、6つの辺、4つの面がある。したがって、

$$v - e + f = 2$$
$$4 - 6 + 4 = 2$$

オイラーはまた、平面図形の場合には、$v - e + f$の値は2ではなく、1であることを証明した。たとえば、長方形には、4つの頂点、4つの辺、ひとつの面がある。

ゆえに、

$$v - e + f = 1$$
$$4 - 4 + 1 = 1$$

「ケーニヒスベルクの橋」のグラフは平面的グラフであり、したがって、この性質をもっている。このグラフには4つの頂点、7つの辺、4つの面がある。したがって、

$$v - e + f = 1$$
$$4 - 7 + 4 = 1$$

最後の例として、次のグラフをとってみよう。

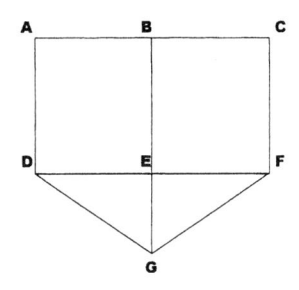

頂点（A、B、C、D、E、F、G）の数は7で、辺（AD、DE、AB、BE、BC、CF、EF、FG、EG、DG）の数は10、面（長方形ADEB、BEFCと3角形DEG、EFG）の数は4である。したがって、

$v - e + f = 1$
$7 - 10 + 4 = 1$

オイラーは驚くほど単純な手順を用いてこの関係を証明した。たとえば、ひとつの対角線をもった次の長方形を考える。グラフの表現では、$v = 4$、$e = 5$、$f = 2$。

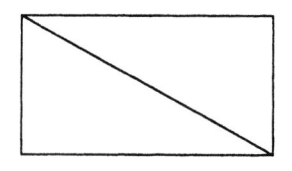

したがって、
$v - e + f = 1$
$4 - 5 + 2 = 1$

もし、ひとつの辺である対角線を取り去るならば、面の数もまたひとつだけ減る。なぜなら、このグラフが長方形になるからである。頂点の数が変化しないままなので、この関係は維持されるのである。

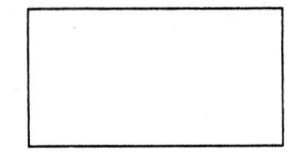

$v - e + f = 1$
$4 - 4 + 1 = 1$

一般に、もしあるグラフから辺をひとつ取り去るならば、私たちは同時にそのグラフから面をひとつ取り去っているわけである。こうして、この関係の値は不変のままなのである。次に、もし頂点をひとつ取り去るならば、もちろん、私たちは同時に、それをつくっている辺をひとつ取り去っていることになる。こうして、vとeは1だけ減るが、この公式は今度も値が変わらないままなのである。

不可能性

「ケーニヒスベルクの橋」のパズルは、数学の新しい2つの分野——グラフ理論と位相幾何学——の確立をもたらした基本的洞察を提供しただけでなく、また、数学的不可能性の研究にとっても重要な意味をもっていた。つまりケーニヒスベルクのネットワークが少なくともひとつの道を折り返す必要なしには一周することができないというオイラーの証明によって、不可能性の問題に組織的に取りかかるにはどうすればよいかが示されたのである。

何かが不可能である、ということをどのように示すか、そのもうひと

つの例として次の問題を考えてみよう。

　足して64になる5つの連続する奇数を見つけよ。

　まず、最初の5つの奇数の和を検討することから始めよう。

$$1 + 3 + 5 + 7 + 9 = 25$$

もし5つの連続する奇数の組を足し続けるならば、和はつねに奇数になることがわかる——読者も自分で確かめることができる。ゆえに、5つの連続的な奇数を足して、たとえば64のような偶数になるということは不可能であるように思われる。

　このことを証明するにはどんな方法があるのか？　第1章《探求問題》の問題11の「答」のなかで議論したように、公式 $(2n + 1)$ はどんな奇数の整数でも表す。2つの連続する奇数の差は2である——たとえば、1と3の差は2で、5と7の差は2である——から、もし連続する5つの奇数の数列における最初の数が $(2n + 1)$ で表されるならば、その次の数は $2n + 3$ で表すことができる。同様に、3番目の数は $2n + 5$ で、4番目は $2n + 7$、5番目は $2n + 9$ で表すことができる。これら5つの連続する奇数を足し合わせると、結果は次のようになる。

$$(2n + 1) + (2n + 3) + (2n + 5) + (2n + 7) + (2n + 9)$$
$$= (10n + 25)$$

ところで、$(10n + 25)$ という表現について考えてみよう。このなかで、最初の $10n$ という項は0で終わる数である。どんな数に10を掛けても必ず0で終わる数になる——たとえば、$1 \times 10 = 10$、$2 \times 10 = 20$、$15 \times 10 = 150$、というように。2番目の項は25である。これは、0で終

わる、まえの項に加えられることになっており、このことは結果がつねに5で終わらなければならないことを意味している——たとえば、$10 + 25 = 35$、$20 + 25 = 45$、$150 + 25 = 175$ というように。ゆえに、$10n + 25$ という表現は、たとえ n が何であろうとも、奇数であることを表しているのである。

古代のギリシア人は、不可能性の問題に絶えず取り組んでいた。たとえば、彼らは、定規とコンパスによる角の2等分は簡単な手続きであるというのに、角の3等分が明らかに不可能であるのはなぜかと考えた。下図のような角∠AOCを2等分するには、コンパスを点Oにおき、この角の2辺と点XとYで交わるひとつの弧を描く。それから、コンパスの幅を、XからYまでの距離の半分より長くなるように広げる。次にコンパスをXにおき、∠AOCの内部にひとつの弧を描く。同じ手続きをYで繰り返す。これら（同じ半径の）2つの弧の交点をPとする。最後に、直線OPを引く。この直線が∠AOCを2等分する。

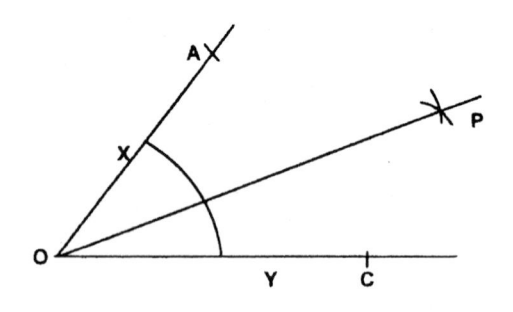

長年のあいだ、数学者たちは定規とコンパスによる角の3等分を試みたが、つねに無益であった。それが不可能であることの証明は、幾何学上のすべての問題を代数学上の問題に変えるというデカルトの方法の発達と普及を待たなければならなかった。角の3等分が不可能である証明は、このデカルトの方法を基礎にしてなされたのである。それが実現し

たのは19世紀であり、3等分に対応する方程式は3次でなければならないこと——すなわち、変数のひとつが3乗の方程式、たとえば $x^3 + 2x^2 + x = 0$ のような方程式でなければならないこと——が確立されてのちのことである。これに対して、定規とコンパスを使って実行される作図は、2次の方程式——たとえば、$x^2 - 14 = 0$ のような——に移しかえることである。したがって、定規とコンパスを用いての3等分は不可能なのである。形式的な証明は、1837年に数学者ピエール・ロラン・ワンツェル（1814 – 48）によって発表された。

不可能性の議論を終わるまえに、私は「15のパズル」に言及しないわけにはいかない。これを考案したのは他でもないサム・ロイドである（彼には第7章で会うだろう）。このパズルは1878年の作であるが、古今のパズルのなかで最も巧妙なものである。これは新案の小物として大量に生産され、アメリカとヨーロッパで大流行した。アメリカの多くの州では、雇い主たちが勤務時間にこのゲームをすることを禁じる警告をはり出すまでになり、フランスでは、アルコールやタバコよりも大きな害毒を流すとして非難された。これはいまも人気があり、世界中で売られている。

「15のパズル」

1	2	3	4
5	6	7	8
9	10	11	12
13	15	14	

ロイドは、15個のスライディングブロックに連続番号をつけ、そのようなブロックがちょうど16個おさまる大きさの四角いプラスチックケースに入れた。これらのブロックは1から13までは番号順に配列されているが、最後の2つ、つまり14と15だけは反対順に（すなわち、

15、14 の順に）並べられている。このパズルの目的は、どのブロックも枠から取り出さずに一度にひとつずつ空いた升目のなかへスライドさせることによって、これらのブロックを1から15まで順番どおりに並べることである。

あとでわかるように、このパズルを解くことは不可能なのであるが、それにもかかわらず、相当の大金がこれを売ったずる賢いロイドの懐に入ったのである。どんなに時間とエネルギーを犠牲にしても、人々はこれに挑戦したい誘惑に勝てなかったのである。ちなみに、ロイドはこのパズルが決して解けないことを十分知っていながら、最初の正解者には1,000ドルの賞金を出すと提案していたのである。

ブロックが数の順番になっているとき、各ブロックのあとにちょうど1だけ大きい数がくる（たとえば、1のあとに2、2のあとに3、というふうに）。

1	2	3	4
5	6	7	8
9	10	11	12
13	14	15	

他のどんな配列でも、どれかのブロックのあとには、より小さい数のブロックがくるはずである（たとえば、2のあとに1、4のあとに3、というふうに）。それ自身より小さいブロックがあとにくるブロックのひとつひとつは、反転（あるいは転移）とよばれる。もし与えられた配列におけるすべての反転の個数の合計が偶数ならば、これを解くことは可能である。もしこの個数の合計が奇数ならば解法は存在しない。たとえば、以下のようなブロックの列は数の順に並び直すことができる。なぜなら、

反転の個数が全部で6だから、つまり偶数個だからである（2のあとに1、4のあとに3、6のあとに5、8のあとに7、10のあとに9、12のあとに11と、合計6つの反転がある）。

2	1	4	3
6	5	8	7
10	9	12	11
13	14	15	

ロイドのゲームにはただひとつの反転しかない（15のあとに14）。これは奇数であるから、ブロックを順番に並べ直すことは不可能なのである。

省察

グラフ理論と位相幾何学が数学の分野としてその本領を発揮し始めたのはやっと19世紀の半ばであったが、それらの土台を築いたのはオイラーのパズルであったことは疑いがない。しかも、私たちが本章で見たように、オイラーが彼のパズルを解くのに用いた方法もまた、「不可能性」の数学的概念を組織的に研究するための土台を築いたのである。

こうしたことのすべては、数学の進歩がどのように展開するものかを縮図として明らかにする。最初は、あるひとつの洞察が現れる（一般に、パズルから）。その後、これから一連の予想が導かれる。これらの予想がいったん証明されると、定理というものになる。こうした証明が基礎とするものは、定義、証明済みの定理、そして論理的推論である。これらがそろって始めて、その後の数学者たちは、最初の洞察をよりよく理解できるようになるだけでなく、それまで関連のないものと考えられた

が結果的に共通の構造をもつと判明した着想や事実のあいだの関係がわかるようになる、というわけである。

探求問題

グラフとネットワーク

34. 簡単な練習問題から始めよう。以下の2つのグラフはオイラー・グラフである。おのおののグラフをたどるオイラーの道を見つけよ。
 ［ひとつとは限らない］

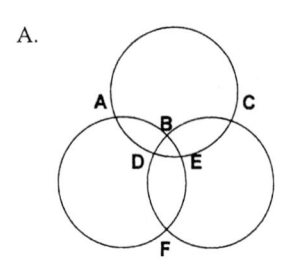

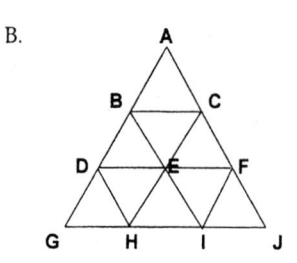

35. 次の4つの道のうち、どれがオイラーの道であり、どれがそうでないかを示せ。

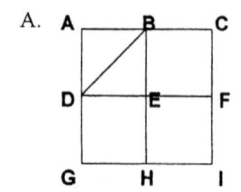

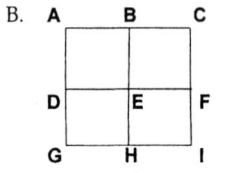

118

C. A　B　C
　D　E　F
　G　H　I

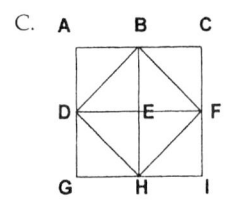

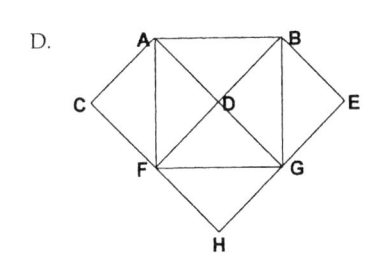

D. A　B
C　D　E
　F　G
　　H

36. ひとつはオイラー・グラフ、もうひとつは非オイラー・グラフであるようなグラフを作図せよ。これによって本章の基本的テーマを直接的かつ創造的に探求できるであろう。

37. 8面体（8つの面をもつ3次元図形）で、オイラーの関係 $v - e + f = 2$ が成り立っていることを示せ。

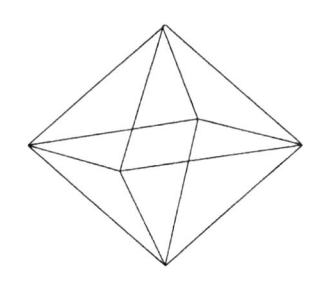

38. 次の平面図形で、オイラーの関係 $v - e + f = 1$ が成立していることを示せ。

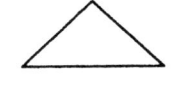

A. 3角形

B. 4角形

C. 5角形   D. 6角形

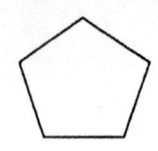

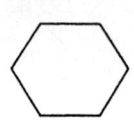

どんなパターンが見られるか？

39. 長方形はオイラー・グラフである。それを1回めぐるのに、どの辺も2度たどる必要がないからである（下図）。

オイラーの道のひとつはA―C―D―B―Aである。いま、もしこの長方形に2つの対角線を加えるならば、非オイラー・グラフができる。なぜならば、各頂点に3つの辺が集まるため、4つの頂点がすべて奇頂点になるからである。唯一の偶頂点は対角線の交点Eである。

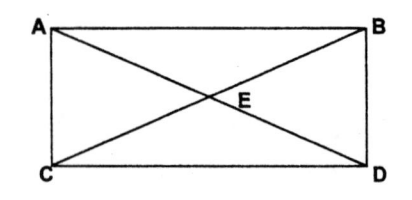

上のグラフをオイラー・グラフに変えることができるか？

不可能性

40. 読者のほうで簡単な道具を用いてロイドのパズルのモデルを作成してみることをすすめる。それからパズルが解ける形にブロックを並べてみよう。下の図は、可能な「解ける」配列のひとつである。

2	1	4	3
5	6	7	8
9	10	11	12
13	14	15	

41. 積が316である2つの隣り合う奇数を見つけよう。

5

ガスリーの 4 色問題

ひとつの理論が真であると言えるようになることは決してない。
どんな理論であれ、せいぜい私たちに主張できることは、それが、
ライバル理論が成功したものを具備し、そしてライバル理論が失敗した
検証の少なくともひとつに合格している、ということぐらいなのだ。
　　　　　　A・J・エア (1910 – 89)

歴史の黎明から、人間は場所を定めたり、距離を測ったり、旅を計画したり、道を探したりするのに役立てるために地図をつくってきた。船の水先案内人たちは、地図を用いて航海し、世界を探険してきた。

　地図づくりの技術に要求されることは、他の何よりも表現における正確さである。これには、地図上の領域を目立たせるために異なる色を使用することが含まれる。実際、古今最大のパズルのひとつが19世紀半ばに生まれ出たきっかけは、地図の色塗りからであった。すでに古代の地図作成者たちは、どんな地図でも、隣接（接触）する2つの領域がひとつの色を分かち合わないようにするには4色で十分らしい、ということに気づいていた。たとえば、下の図のように、アメリカの密集する8つの州を色分けするにはたった4色で十分なのである。たとえば、1の色はイリノイ、テネシー、ヴァージニアに、2の色はミズーリとオハイオに、3の色はインディアナとウェストヴァージニアに、4の色はケン

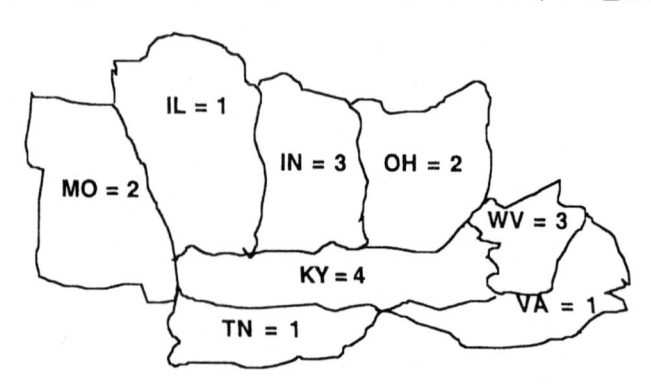

タッキーに、というふうに。このように、互いに接するどの2つの州も同じ色にはなってはいない。

1852年に、ロンドンのユニヴァーシティー・カレッジの若い数学者、フランシス・ガスリー (1831 – 99) は、地図の色塗りをしていたとき、どんな地図でも、隣り合う領域（すなわち、単なる点でなく境界線を共有する領域）が異なる色を示すように色を塗るには見たところ4色で十分なことに気がついた。ガスリーは自分ではこれを証明することができなかったので、これを証明するための何か原理あるいは定理を知っているかどうか兄のフレデリックに尋ねた。フレデリックは弟の質問を有名な数学者オーガスタス・ド・モルガン (1806 – 71) に伝えた。ド・モルガンはどんな既成の証明も知らなかったので、ガスリーの疑問が含みもつ数学的重要性を直ちに理解した。このパズルのうわさはすぐに広まった。こうして「4色問題（フォーカラープロブレム）」が生まれたのである。

もともと地図作成者たちの観察から生まれたものなので、これは伝統的な意味のパズルではない。それにもかかわらず、これは本物のパズルの構造的特徴をすべてそなえている。それどころか、これを解くにはたくさんの洞察的思考が要求されるのである。しかしながら、見たところでは解かれているとはいえ、その証明はなお多くの数学者たちに慎重な態度をとらせている。「4色定理」の証明は、伝統的な証明法とは大きく異なっているので、数学的方法の土台に関する議論にさえなっているのである。このような理由で、「4色問題」は古今の10大パズルに加えられる。

パズル

アウグスト・メービウス（前章で出会った）が1840年に学生への講義で「4色問題」を議論したことがあるという証拠はあるが、この問題を有名にしたのは、ド・モルガンに伝えられたようなガスリーのバージョ

ンである。その最も単純な形は次のとおりである。

　どんな地図でもその領域をはっきり色分けするのに、いくつの色があれば足りるか？（2つの領域がただ1点で接触している場合は、この点を共有の境界とは見なさない）

明快さのために、同じ問題の少し異なる形の定式化を提供することは理解の助けになるだろう。

　どんな地図でも隣の国がつねに違う色になるように埋めるのには、少なくともいくつの色が必要か？

この問題の本質とそれが提起する挑戦を議論するために、特殊な場合を調べることから始めるのが役に立つ。地図（1）には2つの隣り合う領域（すなわち、ひとつの共有境界をもつ2つの領域）があり、また、地図（2）には3つの隣り合う領域がある。（1）では2つの領域を区別するのに2色が必要であり、（2）では3色が必要である。番号は色を表すのに使われていることに注意しよう。

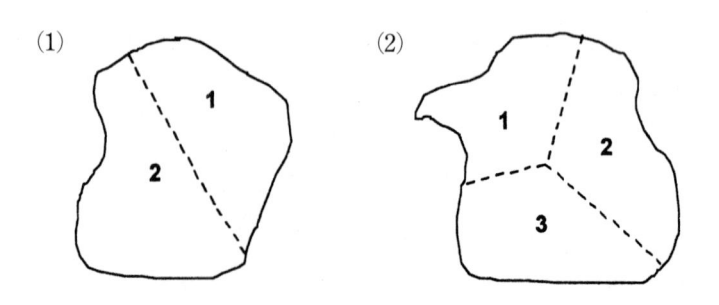

次の地図には4つの領域がある。おのおのの領域はそれぞれ他の3つ

の領域と境界を共有する。1は2、3、4と隣り合い、2は1、3、4と境界をなし、3は1、2、4に隣接し、そして4は1、2、3と触れ合っている。4つの色は、どの2つの領域も同じ色の境界を共有しないことを保証している。

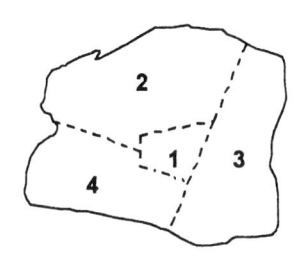

次の地図には隣り合う5つの領域がある。この場合、どの2つの領域も同じ色の境界を共有しないようにするには、いくつの色が必要か？見てわかるように、3色（1、2、3）で十分である。

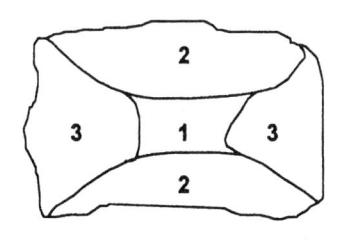

最後に、次ページの地図には19の領域がある。見てわかるように、今度も4色（1、2、3、4）で十分用が足りるのである。

地図がますます複雑になり、より多くの領域を含むようになると、これらの領域を区別するのに必要な色の数は増えるに違いないと思いたくなるだろう。しかし、下の19領域の地図の例が示唆するように、4色でりっぱにこの役目を果たせるように思われる。挑戦とは、まさにこの

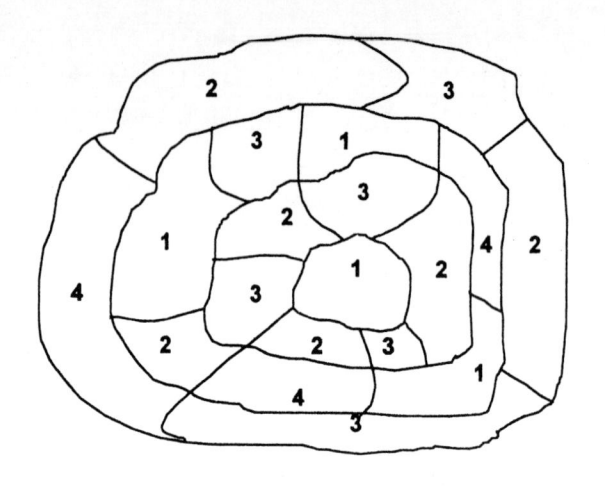

仮定——すなわち、どんな地図でも、それがどれだけ多くの領域を含んでいようが、それを塗り分けるには4色で「十分」であること——を証明することである。

ド・モルガンが「4色予想」を広く世に知らしめたあと、数学者たちは伝統的な「ユークリッド的」証明法でそれを証明しようと真剣に試み始めた。しかし、彼らの努力は一貫して実りのないことを立証した。

ユークリッド (c.330 – 270 B.C.)

　数学を、証明法をもとにした理論的学問のひとつとして確立した最初の人たちのなかに、ギリシアのユークリッド（エウクレイデス）がいた。『原論』とよばれる彼の教科書において、ユークリッドは、公理（証明を必要としない言明）と公準（たとえば、2つの直線は1点で交わり2つ以上の点で交わることはないという言明）とよばれる一般に容認されているかもしくは自明の真理から説き始めた。そして、そこから彼は多くの定理を導き出した。

> ユークリッドの生まれた場所も日付もはっきりしない。彼はエジプトのアレクサンドリア学園(ムセイオン)で数学を教えていたことが知られている。ユークリッドはおそらくアテネで学んだあと、紀元前300年にエジプト王プトレマイオス1世の招きでアレクサンドリアにやってきたと考えられる。プトレマイオスが『原論』よりも速く幾何学を学ぶ近道があるかと彼に尋ねたとき、ユークリッドは「幾何学に王道などありません」と皮肉っぽく答えたと言われている。

私たちはすでに第1章でこうした方法の2つに出合っている。2直線が交わってできる対頂角が等しいことを証明したときと、多角形における内角の和は $(n-2) \times 180°$ に等しいことを証明したときである。そのような方法を一般的実践に採用したのは、かの偉大なギリシアの数学者ユークリッドである。そうした方法は、それ以来ずっと、どんな新しい定理を証明するときにも唯一確かで信頼すべき方法として受け入れられてきた。ちなみに、ユークリッドはそれぞれの証明を、「このことはわれわれが証明したかったことである」という言い方で終えたが、この言い方がローマ時代にラテン語「そのことは証明されるべきことであった」の省略形QEDになった。この省略形は数学における権威の公印となり、それがまさに今日にまで続いているのである。

4色問題を告げられたとき、数学者たちは、それを標準的なユークリッド方式で証明できるものと受け取った。ド・モルガン、アーサー・ケーリー (1821–95)、ブレイ・ケンプ (1849–1922)、デーヴィッド・バーコフ (1884–1944)、パーシー・ジョン・ヘイウッド (1861–1955)、フィリップ・フランクリン (1898–1965) などの錚々たる数学者たちは、みなその証明を見つけようと一度は腕試しにやってみた。多くの年月が経過したが、しかし満足すべき証明はどうしても見つからなかった。

その後、1976年に、イリノイ大学の有名な2人の数学者ヴォルフガ

ング・ハーケン (1928 –) とケネス・アッペル (1932 –) が4色問題を「解いた」と主張した。2人が用いたのは伝統的なユークリッド流の証明法ではなく、悲しいことに、4色予想のためのどんな地図でも「リトマス試験」ができると彼らが主張するコンピュータプログラムであった。これまでのところ、このプログラムは、区別して色塗りをするのに4色より多い色を必要とするいかなる地図も見つけていない。ハーケンとアッペルが書いたコンピュータプログラムは、4色で十分かどうか判定がむずかしい地図の部分集合に対して4色仮説をしらみつぶしに証明してゆくものであり、そして、このプログラムがすべての地図に対してこの仮説を証明するものとして用いられているのである。しかしながら、多くの数学者はハーケン‐アッペルの「証明」に関してよい印象をもっていない。もしすべての数学者から信頼すべきものとして認められるならば、この「証明」は数学の様相を一変させてしまうことであろう。これがためにこの証明は今日もなお討論されているのである。

数学的注釈

ハーケン‐アッペルのプログラムの詳細とそれが基礎にした数学的原理は、ここで議論するには余りにも複雑である。それらに興味のある読者は《参考書》にあげた出典を調べることをお勧めする――とりわけ、ロビン・ウィルソンの『四色問題』は、このプログラムの完全で理解しやすい説明をしているだけでなく、その理解に必要な背景数学についても述べている。ここでは、ユークリッドの証明法の特徴と、なぜ4色問題がそれほど深い衝撃を数学に与えることになったのかを論じることにしよう。

ユークリッドの方法
第1章で述べた演繹法による証明法は、つねに数学的方法の典型であっ

た。なぜなら、演繹法は、何かの陳述または観察が一般的な場合に当てはまることを証明する特別な力あるいは性質をもっていたから、つまり、演繹法は、あるカテゴリー全体もしくはある集合またはカテゴリーのすべての要素——たとえば、すべての点、すべての角、すべての数といったこと——に言及する論証あるいは推理の筋道といったものをもっていたから、である。たとえば、もしあなたが分度器でいろいろな種類の3角形の内角を測ったとすれば、その合計がつねに180度であることにまもなく気づき始めるだろう。しかし、絶対的にすべての3角形における内角の和が必ず180度になるとあなたは確信することができない。演繹法による証明によって、あなたは例外なくこのことを確認することができる。以下はその方法である。3角形ABCを描き、その内角をa、b、cとよぼう。その底辺を両側に伸ばし、次に頂点Aをとおって底辺に平行な直線を引く。互いに平行な直線は「矢印」で示される。ABCはどんな3角形でも表すことに注意しよう。この3角形の形をあなたは好きなように（鈍角3角形、直角3角形、などに）変えることができるが、それでも、以下におこなう推理は有効であることに変わりがないだろう。

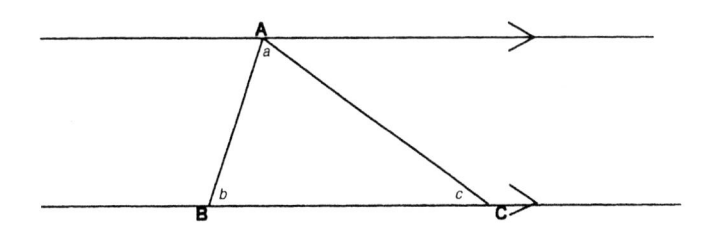

まえに証明された幾何学の定理のひとつによると、ひとつの直線が2つの平行な直線と交わっているとき、その直線（横断線とよばれる）の反対側にある2つの角は等しい。図では、2つの横断線——ABとAC——がある。それらがつくる等しい角とは、角bの反対の位置にあるも

のと角 c の反対の位置にあるものである［こうしてできる2つの b、2つの c は錯角とよばれる］。

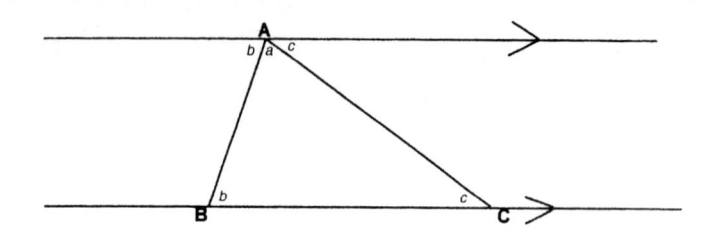

頂点Aでの角の切片 a、b、c は、平角（180°）の成分である。ゆえに、$a + b + c = 180°$。この3角形の3つの内角もまた a、b、c であることに注意しよう。私たちはいま $a + b + c = 180°$ であることを確認したから、3角形の内角の和は180度であると結論できる。a、b、c はどんな値であってもよいので、この証明はあらゆる状況で真である。ゆえに、私たちは、疑う余地もなく、「どんな」3角形においても内角の和はつねに180度であることを確認した――QED。

言うまでもないことだが、ギリシア人でさえも数学におけるすべての定理が演繹的方法によって証明できるわけではないことを理解していた。早くから、背理法とよばれるもうひとつの方法が補完的に用いられるようになった。これは、ある事柄の否定は偽であるか矛盾することを示すことによってその事柄が真であることを証明する方法である。

実は、この方法を論理学にとり入れたのは、今度はユークリッドではなく、エレアのゼノンであった（ゼノンには第8章で会うだろう）。しかしながら、ユークリッドはこの背理法を独創的に使って、たとえば素数の集合が無限であるという定理など、さまざまな定理を証明したのである。第3章で論じたように、整数は素数と合成数とに分けられる。前者は1とそれ自身以外に因数（約数）をもたないが、他方、後者はそれより多い因数もっている。たとえば、12、42、169といった数は合成数

である。それらの因数は、

$$12 = 2 \times 2 \times 3$$
$$42 = 7 \times 2 \times 3$$
$$169 = 13 \times 13$$

すべての合成数は、このように素因数の積として表すことができる。ゆえに、合成数はそれを構成するどの素因数によっても割り切れるのである。

最初の10個の素数は $\{2、3、5、7、11、13、17、19、23、29\}$ である。整数の集合——$\{0、1、2、3、4、5、6、7、8、9、10、…\}$——をちょっと見ただけも、数が増えるにつれて素数がますます少なくなってゆくのがわかる。したがって、素数がどこかで終わるに違いないと仮定するのが論理的であるように思える。しかし、ユークリッドはそうはならないことを証明したのである。

ユークリッドは、それらが実際に終わると仮定することから始めた。このことは、最大の素数があることを意味する。それを彼は p_n とよんだ。

全部そろった素数の集合＝ $\{2、3、5、7、…、p_n\}$

次にユークリッドは、この集合におけるすべての素数を掛け合わせるとどんな数になるだろうか？ と問うた。

$\{2 \times 3 \times 5 \times 7 \times \cdots \times p_n\} = $ ？

このままでは、もちろん、この数は、因数としてすべての素数から構成された合成数である。この数はそのどの素数によっても割り切れる。こ

のような結果はたいしておもしろくない。そこで、問題を興味深くするために、ユークリッドはこの積に1を加えた。

$$\{2 \times 3 \times 5 \times 7 \times \cdots \times p_n\} + 1 = ?$$

こうして、この余計な1によって、ユークリッドは最大の素数があるという考えを論破するために必要なものをすべて手に入れたのである。なぜか？　上の式が表す数に対して、2つの可能性がある——つまり、それは素数か合成数かのどちらかである。仮に、それが素数（P）であるとしよう。

$$\{2 \times 3 \times 5 \times 7 \times \cdots \times p_n\} + 1 = P \text{（素数）}$$

Pが集合 $\{2, 3, 5, 7, \cdots, p_n\}$ におけるどの数よりも大きい数であることは明らかである。なぜなら、Pは、それらの「すべて」を掛けてつくられているからである。それは「新しい」素数であり、それはp_nよりも大きい。ゆえに、このp_nは、最初に仮定したような最大の素数ではありえない、ということになる。

　第2の可能性は、上式が合成数（C）を表している場合である。すなわち、

$$\{2 \times 3 \times 5 \times 7 \times \cdots \times p_n\} + 1 = C \text{（合成数）}$$

Cは、合成数として、それを割り切る素因数からなっているはずである。しかし、Cは利用できる素数——$\{2, 3, 5, 7, \cdots, p_n\}$——のどれによっても割り切れないだろう。なぜなら、たとえそれらのひとつを選び、それでCを割ったとしても、あのいやな1がつねに剰余（余り）として残されるだろうからである。ゆえに、Cは、この集合にない素因

数をもっていなければならない。再び、これはひとつの「新しい」素数であり、この集合のどの素数よりも大きい。今度もまた、初めに最大の素数と仮定された数 p_n は、結局、最大の素数ではないということになる。このようにして、ユークリッドは、素数には終わりがないということを証明したのである。彼は、最大の素数という仮定が「不条理」を生み出すことを示すことにより、それを証明したのである。

「4色問題」にとり組んだ人たちは、そのような伝統的な証明法によって証明できるものと仮定して初めはそうしていた。しかしこのやり方による努力はすべてむだに終わった。ハーケンとアッペルの証明が特異な点は、それが伝統との関係を絶っていることである。2人が書いたコンピュータプログラムは、本質的に、ある与えられた地図が5色以上でないと色分けできないのかどうか、ということをチェックするものである。いまでは数学者たちの多くは、4色定理は最終的に証明されたのであり、それが数学的方法における重要な革新のひとつであったということを受け入れている。とはいえ、数学界における最近の流れを観察する限りでは、ハーケンとアッペルのコンピュータプログラムを「証明」として受け入れることに相変わらず大きな不安感が存在しているようである。なぜなら、専門的に言えば、それが証明ではないことは確かだからである。

3角形の種類

直角3角形とは、その内角のひとつが90度である3角形のことである。

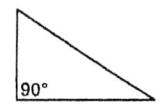

5：ガスリーの4色問題

鋭角3角形とは、その3つの内角すべてが90度より小さい3角形のことである。

鈍角3角形とは、その内角のひとつが90度より大きい3角形のことである。

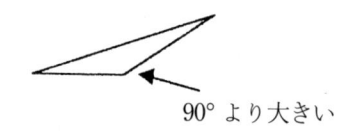

90°より大きい

証明

何かを一般に真であると論証する方法として証明を用いた最初の一人にピタゴラスがいた（第2章）。すべての直角3角形に対して、その斜辺がつくる正方形の面積は、他の2辺がつくる正方形の面積の和に等しい。これを記数法の形で表すと、

$$c^2 = a^2 + b^2$$

と書かれる。この式で、cは斜辺の長さ、aとbは他の2辺の長さである。たとえば、もしaの長さが3、bの長さが4、そしてcの長さが5であれば、

$$5^2 = 3^2 + 4^2$$
$$25 = 9 + 16$$

この関係を目で見えるように示したのが、下の図である。

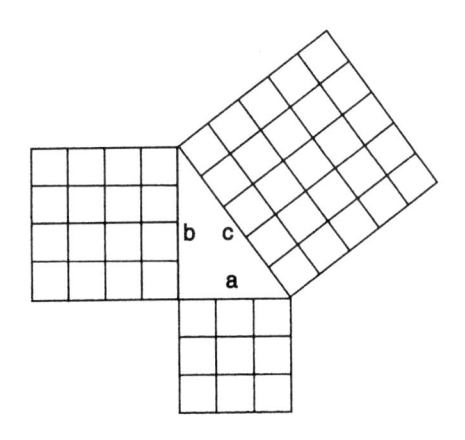

　古代世界を通じて、多くの文化がこの関係について知っていた。しかしながら、これがすべての直角3角形に対して成り立つことを証明したのは、おそらくピタゴラスが最初であったと思われる。もっとも、彼はそれについて書いたものを残さなかったけれども。

　のちにピタゴラスの定理とよばれるようになったこの定理が、証明の手法——多くの洞察や結果を生み出して、他の諸定理の探求を可能にした手法——に関する数学的方法を確立した重要な出来事であったことは間違いない。ときにはこれらの結果は思いがけない発見を導きさえした。ピタゴラス学派は、まさに彼らの見つけたこの定理が、1（単位長）に等しい2辺をもった2等辺直角3角形に適用されると、斜辺の長さとして非常に不思議な数をつくり出すことに気がついたのである。

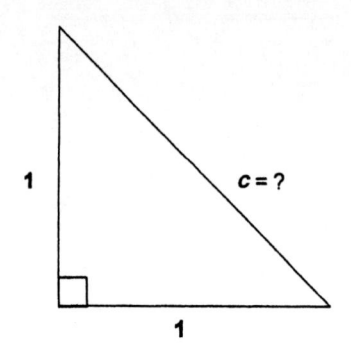

$$c^2 = 1^2 + 1^2 = 1 + 1 = 2$$

ゆえに、

$$c^2 = 2$$

したがって、

$$c = \sqrt{2}$$

結局のところ、$\sqrt{2}$ という数は、分数あるいは「比」で表すことのできない無限小数である（1.4142136…）。このため、これは「無理数」とよばれるようになった。

ピタゴラス学派は、自分たちの哲学的信条のために、はからずも無理数を発見してしまったことがはなはだ不愉快であった。それに反して、ユークリッドは無理数を正当な数と見なした。しかし、そのような無理数を当時の増大する数学知識の百科事典に含めるためには、彼は、それらが実際に有理数と異なることを証明する必要があった。そのために彼が用いた証明のタイプは、演繹法による証明とも背理法による証明とも

異なるものであった。これは矛盾律（矛盾命題による証明）とよばれる。

$4n^2$

すでにまえの章で論じたように、偶数は $2n$ という公式によって表される。このことは、たとえ私たちがどんな数（$n = 1$、2、3、…）をとってもそれに2を掛ければつねに偶数が得られることを示している。

また $2q^2$ と書いても偶数を表すことになる。この場合、$2n$ における n が単に q^2 におき代わっただけである。

$2n$ を2乗すると $4n^2$ が得られる。$(2n)(2n) = 4n^2$ である。

$4n^2$ という表現はそれ自身で偶数である。なぜなら、それは $2n$ で割り切れるからである。このことは、どんな偶数を2乗しても偶数の積ができるだけだということを証明している。

約分

分数のあるものは簡単な形に書き直すことができる。これを「約分する」という。たとえば、5/10 という分数は 1/2 に簡単にすることができる。なぜなら、分母も分子も5で割り切れるからである。同様に、4/6 = 2/3 である。なぜなら、分母も分子も2で割り切れるからである。もちろん、分数のなかには、2/3 のように、分母と分子の両方を割り切る因数がないために、これ以上簡単にできないものもある。ある分数がそれ以上は簡単にできないとき、約分されたという。

ユークリッドは、有理数の一般形が p/q であることに注目することから始めた。整数は、自然数に正の符合をつけたもの（1、2、3、…）、負の符合をつけたもの（−1、−2、−3、…）、そしてゼロ（0）からなる

集合の各要素である、と定義される。整数では、分母 q はつねに 1 である——たとえば 4 は実は $4/1$ のことである。q は 0 ではありえないことに注意しよう。ゼロによる割り算は定義されない（そのわけは第 8 章で議論される）。ユークリッドは、$\sqrt{2}$ は p/q の形に書くことができないことを明快に証明した。彼はまず、$\sqrt{2}$ を p/q の形に書くことができると仮定し、次に、これが矛盾をもたらすことを示すことによって、$\sqrt{2}$ は p/q の形に書けないことを証明した。

平方根を除去するために、ユークリッドは、これを関係づける式の両辺を 2 乗した。

$$\sqrt{2} = \frac{p}{q}$$

$$(\sqrt{2})^2 = \frac{p^2}{q^2}$$

ゆえに

$$2 = \frac{p^2}{q^2}$$

次にユークリッドは両辺に q^2 を掛け、この式の右辺におけるやっかいな分母をとり除いた。

$$2q^2 = p^2$$

ここで、p^2 は偶数である。何となれば、それは偶数の形をもつ $2q^2$ に等しいからである。ゆえにまた、p そのものも偶数であると結論できる。次に、もし p が偶数ならば、私たちは、偶数を表す一般的公式、つまり

$p = 2n$ でそれを書き直し、これを上の式に入れることができる。すなわち、

$$2q^2 = p^2$$

$p = 2n$ であるから、

$$2q^2 = (2n)^2 = (2n)(2n) = 4n^2$$

ゆえに

$$2q^2 = 4n^2$$

次に、この等式の両辺を2で割って単純化すると、

$$q^2 = 2n^2$$

この式は、q^2 は偶数であること、したがって q 自身が偶数であり、$2m$ と書ける（$2n$ と区別するために）ことを示している。すなわち、$q = 2m$ である。ここで、ユークリッドはただちに最初の仮定——すなわち、$\sqrt{2}$ は有理数であるという仮定——にもどった。こうして、

$$\sqrt{2} = \frac{p}{q}$$

この式に、彼がいま証明したばかりのこと、すなわち、$p = 2n$ と $q = 2m$ を代入した。

$$\sqrt{2} = \frac{2n}{2m}$$

この右辺の分数は n/m に約分できるので、

$$\sqrt{2} = \frac{n}{m}$$

さて問題は何かというと、ここで私たちは振出しにもどっていることである。私たちは単に p/q を n/m にとり替えたにすぎなかったのである。明らかに、私たちは、異なる分子と分母をもった分数（a/b、x/y、…）を無限にどこまでも見つけることができるということになる。しかし分数は永久に約分できない。ゆえに私たちは矛盾に到達したのである。それは何に起因するのか？　原因は $\sqrt{2}$ が p/q の形をもつと仮定したことである。明らかに事実は違うのである。こうして、矛盾律によってユークリッドは $\sqrt{2}$ が有理数でないことを証明したのである。

証明の方法

演繹法は、ひとそろいの前提から何かあることが必然的に導き出されることを示す。

背理法は、ある命題からの避けられない結論が不条理を示す、よってそれは間違いである、ということを示す。

矛盾律は、最初の仮定が矛盾をもたらす、ゆえにそれは捨ててもよい、ということを示す。

帰納法は、もし何かあることが $(n+1)$ 番目の場合に証明されるならば、それは真である、ということを示す。

証明の議論を終わるにあたって、数学者たちから認められている4番目のタイプの証明について述べる必要がある。4色予想のハーケン‐アッペルの証明に関する議論がこれにとくに関係するからである。これは帰納法による証明と言われる。

　このタイプの証明がどのようになされるかを理解するために、第3章で論じた数列 $\{1+2+3+\cdots+n\}$ の和（級数ともいう）の公式にもどってみよう。

$$\text{最初の } n \text{ 項の和} \quad S_{(n)} = \frac{n \times (n+1)}{2}$$

どうすればこの公式を証明することができるか？　まず私たちは、この公式が、最初の場合、すなわち $n=1$ の場合に成り立つことから始める。

$$S_{(n)} = \frac{n \times (n+1)}{2}$$

$$S_{(1)} = \frac{1 \times (1+1)}{2} = \frac{1 \times \cancel{2}}{\cancel{2}} = 1$$

このことは、1の和は1だから、この公式が最初の場合に成り立つことを示す。次の段階は、この公式が最後の項のあとにもう1項加わった級数に当てはまることを示すことである。最後の項は n だから、その次の項は $(n+1)$ である。この数列の和を $S_{(n+1)}$ と書く。$(n+1)$ 項までの和 $S_{(n+1)}$ は、$S_{(n)}$ に余分の項 $(n+1)$ をただ加えるだけで決められる。すなわち、

$$S_{(n+1)} = S_{(n)} + (n+1)$$

$$S_{(n)} = \frac{n \times (n+1)}{2}$$

ゆえに、

$$S_{(n+1)} = \frac{n \times (n+1)}{2} + (n+1)$$

これは、結局、次のように表現される。

$$S_{(n+1)} = \frac{(n+1)[(n+1)+1]}{2}$$

この式の形は、$S_{(n)}$ に対する式の形と同じである。なぜなら、$S_{(n)}$ に n が現れるたびに、$(n+1)$ におき替えられてしまうからである。言い換えると、私たちはいま、この公式が $(n+1)$ に対して真であることを示したのである。私たちは好きなだけ大きな n を選ぶことができるので、この公式がどんな数列にも当てはまることを事実上示したことになる。なぜか？ それは、私たちがこの和の公式を、n のあとの項を含む数列に対して適用できるだけでなく、そのまたあとの項を含む数列に、と無限にあとの項を含む数列にも適用することができるからである。帰納法による証明は「ドミノ効果」になぞらえることができるだろう。ドミノを多数立てて並べ、どちらかの端を倒して次々に隣を倒してゆく方法である。

さて、4色定理のハーケン‐アッペル証明にもどろう。本質的に彼らのプログラムは、考慮中のどんな地図なら5色以上でないと塗り分けで

きないかをチェックするものである。したがって彼らの「証明」はこの言葉の旧来の意味における本当の証明ではない。それは一組のコンピュータ命令である。ハーケンとアッペルによって考案された命令がすべての地図に無限に適用されることをどうすれば確かめられるのか？ 伝統的な数学の言葉の意味において、彼らの「証明」が、帰納法による証明と同様に、ドミノ効果を必然的に伴っていることをどうすれば確かめられるか？

　私の考えを言えば、「4色問題」は多くの（たぶん大多数の）数学者にとっていまも正真正銘のパズルのままである。伝統的な数学の言葉でのその解法はおそらくいまも埒外であり、まだ知られていない予想外の洞察が現れることに期待するしかないのだろう。そもそもは、ピタゴラスの定理自体がひとつの予想——特定の場合に当てはまり、これまでに例外が見つかっていないことが示されるもの——であった。それが一般的な場合にも正しいことが示されたとたん、本当の「定理」になったのである。「4色問題」も、一般的な場合の単純な証明が見つかるまで、多くの数学者を悩ませ続けることであろう。しかしながら、アメリカの偉大な哲学者チャールズ・S・パース（1839 – 1914）は、この問題に魅せられた一人であるが、1860年代にハーヴァード大学での講義でこの事情を適切に表現してこのように言った。「この問題は、証明するのがまことに簡単に思えるというまさにそれゆえに、人を激怒させるのであり、そのくせ数学者の誰一人として、いまだに伝統的な論理と数学の方法を使ってそれを証明することができないでいるのだ」と。

省察

「4色問題」は、文字どおり数学界の「パンドラの箱」を開けてしまった。もしハーケン - アッペル証明がこのままで認められるならば、数学的方法に真の革新をもたらしたことになる。しかしながら、この証明が、

これまでの証明が伝統的に検定されてきたのと同じ仕方では検定されえないために、多くの数学者はこれについて非常に不安に感じている。確かに、この証明は、確実な絶対的証明というギリシア的理想に従ってはいない。私たちがせいぜい言えるのは、物理学者たちの理論と同じように、それは「たぶん真であろう」ということなのである。

おそらくいつの日にか、パースが言及したうまく逃げる単純な証明を導くような洞察がきっと現れることであろう。ハーケンとアッペルの両人がみずから認めているように（2002年）、「やがて、4色定理の簡潔な証明は、ことによると名うての聡明な高校生によって発見されるであろう」。多くの数学者はそのような学生が出てくるのをいまなお待っている、というのが私の意見である。

探求問題

色塗りの問題

42. 以下の3つの地図を完全に埋めつくすには、いくつの色が必要か？

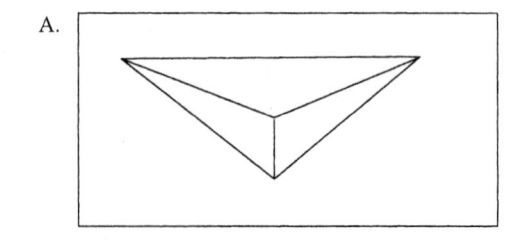

A.

B.

C.

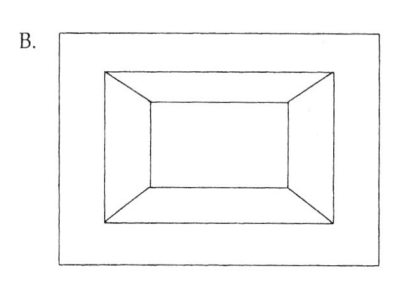

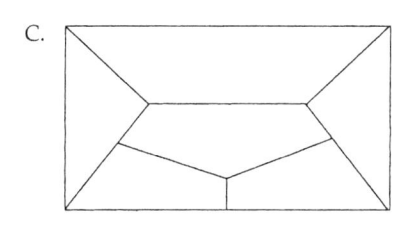

43. メービウスの帯とクラインの壺（第4章）を塗り分けるのにいくつの色が必要か？

証明

44. もし3角形の内角のひとつが90度より大きければ、他の2つの内角はどちらも90度より小さくなければならないことを矛盾律によって証明せよ。

45. 立方体は、3次元グラフに対する公式 $v - e + f = 2$（第4章）が適用できるネットワークであることを証明せよ。

46. 下の図における3角形の外角 x は、それと隣り合わない2つの内角 y と z の和に等しいことを証明せよ。

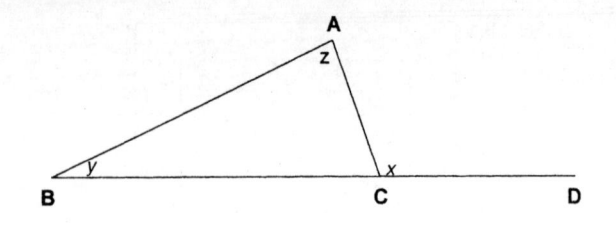

47. 次の図形を色分けするのに必要な色の数はいくらか？ 実際に色を塗る必要なしにそれを証明できるか？

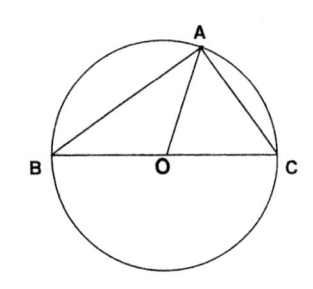

6

リュカの「ハノイの塔のパズル」

無限の棘ほど堅いものはない。

シャルル・ボードレール (1821 – 67)

ルールに従ってプレーされ、板、玉、棒、石、硬貨などの小道具を使ったゲームは、遠い昔から、あらゆる時代の人々の好奇心をそそり、彼らを楽しませてきた。そもそも、そうしたゲームがなぜつくられたのかについては諸説紛々であるが、これについて満足のいく答はいまだ得られていない。

　数学者たちもまたつねにゲームに興味をそそられてきた。なぜなら、これらのゲームの多くが数学的原理にもとづいて組み立てられており、まさに数学的原理のモデルをつくるための試験装置（テストデバイス）として使うことができるからである。そのような数学的に設計されたすべてのゲームのなかでも、最も有名で魅惑的なもののひとつは、「ハノイの塔のパズル」として知られているものである。これは1883年にフランスの数学者フランソア・エドゥアール・アナトール・リュカによって子供向けの玩具（おもちゃ）として発明された（彼には第3章で会っている）。けれども、それが具現化している思考様式そのものはかなり古い時代までさかのぼることができ、世界中の文化において見つけ出すことができる。このパズルは、要するに、幾何数列の概念の「玩具モデル（トイ）」というわけである。その単純さと独創性、またそれが今日まで私たちの興味をそそり続けている事実から考えて、このパズルはあらゆる時代のパズルのトップテンに入る資格があるといえる。現在でもこのパズルの簡約版を世界中の玩具屋で見つけることができる。

フランソア・アナトール・リュカ (1842 – 91)

リュカはアミアンの師範学校で教育を受けた。普仏戦争（1870 – 71）のあいだ、砲兵隊将校として軍務についたが、戦後、パリのサン・ルイ高等中学校で数学を教えた。リュカはその後パリのシャルルマーニュ高等中学校でも数学を教えたが、ある宴会で皿が落ちて飛び散った破片が彼のほほを切って細菌に感染して死ぬという風変わりな死にかたをした。

　彼の仕事のうちで最もよく知られているのは整数論における研究である。第3章で見たように、彼は、フィボナッチ数列とそれが数学に対してもつ含意について研究した。

すぐこのパズルに入るまえに、数列の概念を簡単に復習しておくのがよいだろう。第3章で論じたように、数列とは順序づけられた数の配列と定義される。

　　数列1.　　$\{2、4、6、8、10、12、14、16、…\}$
　　数列2.　　$\{2、4、8、16、32、64、128、…\}$

数列1は、算術数列として知られるもので、各項がすぐひとつまえの項より2だけ大きい。ここで、そのような数列の構造を一般化してみよう。この数列の最初の項（初項）を表すのにaを用い、隣り合う2つの項の一定の差（公差とよばれる）を表すのにdを用いるならば、算術数列の一般形は次のように書くことができる。

$$\{a、a+d、a+2d、a+3d、\cdots、a+(n-1)d\}$$

数列1では$a=2$と$d=2$である。これらの値を一般形の各項に入れると、この数列の実際の項になる。すなわち、

初項	第2項	第3項	第4項	…
↓	↓	↓	↓	
a	$a+d$	$a+2d$	$a+3d$	…
↓	↓	↓	↓	
2	$2+2=4$	$2+(2\times2)=6$	$2+(3\times2)=8$	…

$a+(n-1)d$という表現は、算術数列におけるどんな項でも、初項aプラス$(n-1)d$から組み立てられていることを示している。ここで、nは、数列内の項の位置番号（1番目の項つまり初項、2番目の項、3番目の項、…）である。

表6-1　算術数列の一般項

項	形式	組立ての方法
初項	a	$a+(1-1)d = a+(0)d = a$
第2項	$a+d$	$a+(2-1)d = a+(1)d = a+d$
第3項	$a+2d$	$a+(3-1)d = a+(2)d = a+2d$
第4項	$a+3d$	$a+(4-1)d = a+(3)d = a+3d$

	...	...	...
第n項	$a+(n-1)d$	$a+(n-1)d$	

数列2は、幾何数列として知られ、各項がすぐひとつまえの項に2を掛けてつくられている。この比のことを公比とよぶ。このタイプの数列の構造も上と同じように一般化してみよう。この数列の初項を表すのに再びaを用い、公比を表すのにrを用いるならば、幾何数列の一般形は次のように書ける。

$$\{a、ar、ar^2、ar^3、ar^4、\cdots、ar^{n-1}\}$$

数列2では、$a=2$と$r=2$である。これらの値を各項に入れると、数列2の実際の項になる。

初項	第2項	第3項	第4項	...
↓	↓	↓	↓	
a	ar	ar^2	ar^3	...
↓	↓	↓	↓	
2	$2\times 2^1=4$	$2\times 2^2=8$	$2\times 2^3=16$	...

ar^{n-1}という表現は、幾何数列の一般項を表し、この数列におけるどんな項でも初項a掛けるr^{n-1}から組み立てられていることを示す。ここで、nは数列内の項の位置番号である。

表6-2　幾何数列の一般項

項	形式	組立ての方法
初項	a	$ar^{1-1}=ar^0=a$
第2項	ar	$ar^{2-1}=ar^1=ar$

第3項	ar^2	$ar^{3-1}=ar^2$
第4項	ar^3	$ar^{4-1}=ar^3$
…	…	…
第n項	ar^{n-1}	ar^{n-1}

上の議論における基本的な考え方は、リュカのパズルの本質を理解するときに役に立つであろう。

べき指数

乗法（掛け算）

同じ数字にべき指数のついたものどうしを掛けることは、それらのべき指数を加えることと同等である。たとえば、

$$3^4 \times 3^5 = 3^{4+5} = 3^9$$
$$7^{12} \times 7^{20} = 7^{12+20} = 7^{32}$$

理由は？　最初の例をとると、

$$3^4 \quad \times \quad 3^5$$
$$\downarrow \qquad\qquad \downarrow$$
$$(3 \times 3 \times 3 \times 3) \times (3 \times 3 \times 3 \times 3 \times 3)$$

べき指数は、要するに、同じ因数が何回その掛け算にかかわるかを示している。因数の数を数えれば、9つあることがわかる——これがべき指数の和である（$4+5=9$）。

ゆえに、一般に、

$$a^n \times a^m = a^{n+m}$$

除法（割り算）

同じ数字にべき指数のついたものどうしの割り算は、それらのべき指数を引くことに等しい。たとえば、

$$3^5 \div 3^3 = 3^{5-3} = 3^2$$
$$7^{15} \div 7^5 = 7^{15-5} = 7^{10}$$

理由は？ 最初の例をとろう。またも、べき指数は、同じ因数が何回その割り算にかかわるかを示している。

$$\frac{3^5 = (3 \times 3 \times 3) \times 3 \times 3}{3^3 = (3 \times 3 \times 3)}$$

かっこ内の因数を約すと、

$$\frac{\cancel{(3 \times 3 \times 3)} \times 3 \times 3}{\cancel{(3 \times 3 \times 3)}}$$

となり、3×3、つまり 3^2 が残る。これは2つのべき指数の引き算である（$5-3=2$）。ゆえに、一般に

$$a^n \div a^m = a^{n-m}$$

$n^0 = 1$

どんな数を0乗しても1に等しい。

理由は？　同じ指数をもつ2つの同じ数をとり、それらを割ってみよう。私たちは上の例から $3^5 \div 3^5 = 3^{5-5} = 3^0$ となることがわかる。しかし 3^5 を 3^5 で割った結果は1である。

$$\frac{3^5 = 3 \times 3 \times 3 \times 3 \times 3}{3^5 = 3 \times 3 \times 3 \times 3 \times 3}$$

ゆえに、$3^5 \div 3^5 = 1$

$3^5 \div 3^5$ は 3^0 に等しい。ゆえに、$3^0 = 1$ を証明したことになる。

一般に、

$$n^0 = 1$$

パズル

すでに述べたように、「ハノイの塔のパズル」は1883年に発表された。リュカは、おそらくその着想をイタリアの数学者ジロラモ・カルダーノ(1501−76)の大著『微細なる事物について(デ・スブティリラーテ)』の1550年版に含まれていたよく似た問題から得たのであろう。

ハノイのある僧院には3本の棒を立てた黄金の台がある。その1番目の棒には64枚の黄金の円盤が降順に——最大の円盤が最下部に、最小の円盤が最上部に——はめ込まれている。僧たちは、降順にそれらを保ったままで1回に1枚ずつ動かして3番目の棒にすべての円盤を移し替えよとの神命を受けている。ただし、より大きな円盤をより小さな円盤の上においてはならない。3本の棒はすべて使用できる。僧が最後の円盤の移し替えが終わるときこの世は終わるのだという。なぜか？

そのとき世界が終わるのは当然である。なぜなら、僧が約定どおりに円盤の移し替えの仕事を完了するには $(2^{64}-1)$ 回の移動をしなければならないからである。1秒に1回の移動をしてさえ、この仕事をやりとげるには 5.82×10^{11} 年かかる、つまり 582,000,000,000 年（5820億年）かかる！ このことを説明するまえに、べき指数の考え方を簡単に述べておくのが役に立つだろう。

　3を14回掛ける場合を考えてみよう。

$$3 \times 3 \times 3 \times 3 \times 3 \times 3 \times 3 \times 3 \times 3 \times 3 \times 3 \times 3 \times 3 \times 3$$

このような掛け算の書き方は明らかに厄介であり、取り扱うには能率が悪すぎる。掛け算をより「経済的な」ものにするために、数学者たちはべき指数という考え方を思いついた。上の掛け算は 3^{14} として能率よく表される。ここで、3を乗根（または底）とよび、上つき数字の「14」をべき指数（または累乗）とよぶ。べき指数は、乗根がそれ自身によって掛け合わされる回数を示す。一般に、n^m は n それ自身を m 回掛け合わすことを示す。たとえば、2^8 では、$n=2$、$m=8$ である。

$$2^8 = 2 \times 2 \times 2 \times 2 \times 2 \times 2 \times 2 \times 2$$

どんな数でもそのゼロ乗は1である。

$$2^0 = 1、4^0 = 1、13^0 = 1、\cdots$$

べき指数がとくに便利なのは幾何数列の項を表すときである。たとえば、2の逐次累乗の項からなる数列では、最後の項は 2^n である。

$$\{2^0、2^1、2^2、2^3、2^4、2^5、\cdots、2^n\}$$

もちろん、2^nのひとつまえの項は2^{n-1}であり、さらにそのまえの項は2^{n-2}である。

$$\{2^0、2^1、2^2、2^3、2^4、2^5、\cdots、2^{n-2}、2^{n-1}、2^n\}$$

さあ、これで私たちは「ハノイの塔のパズル」に取り組む準備ができた。このパズルの最も単純なものから始めよう。まず、2枚の円盤を1番目の棒から3番目の棒へ移し替える問題である。つまり「2円盤のバージョン」である。ただし、降順が保たれなければならない、つまり、大きな円盤を小さな円盤の上においてはならない。移し替えの跡をつけるために、円盤に番号をふることにしよう。

1 = より小さな円盤
2 = より大きな円盤

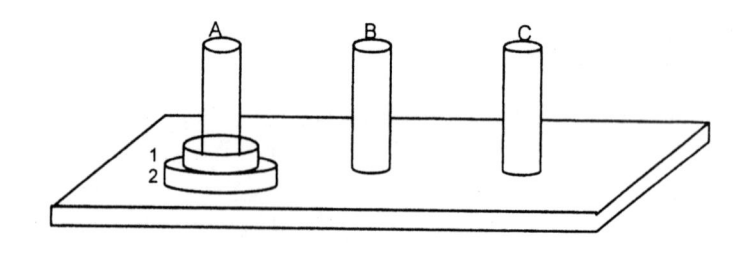

まず、円盤1を棒Aから棒Bに移すことから始めよう。

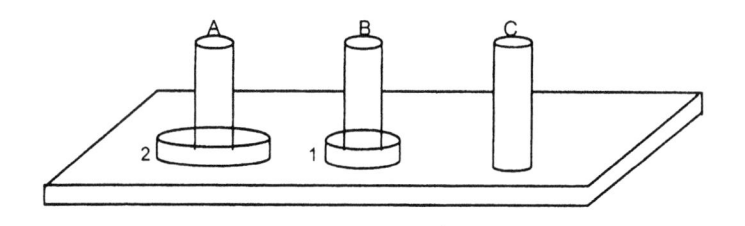

次に、円盤2を棒Aから棒Cに移し替える。

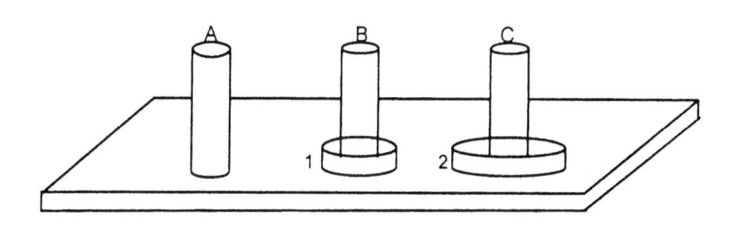

最後に、円盤1を棒Cの円盤2の上に載せる。この時点で、棒Cでは、要請によって、より小さな円盤が最上部にあるので、2枚の円盤の移し替えは終わったことになる。

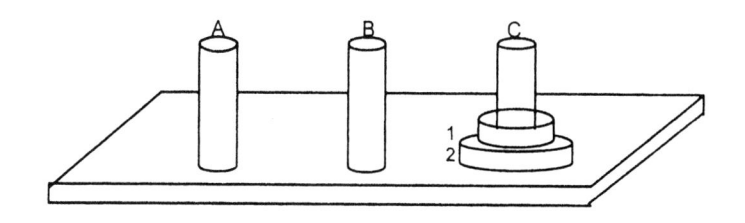

この仕事を完遂するには3回の移動が必要であった。この結果が 2^2-1 と表すことができることに注意しよう（なぜなら、$2^2-1=4-1=3$）。また、2^2-1 のべき指数「2」は、このゲームにおける円盤の数であることにも注意しよう。

それでは、「3円盤のバージョン」を調べてみよう。今度も、円盤に1、2、3の番号をふることから始める（番号が大きいほど大きな円盤である）。

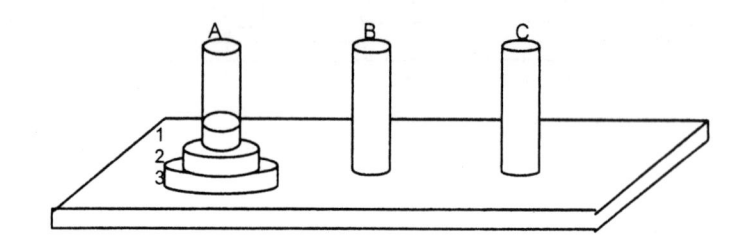

移動は次のようである（図は示さない）。おのおのの移動を思い浮かべるのが苦手な読者は、ゲームの物理的モデルをつくって動かしてみるとよい。もちろん、このゲームの玩具を買ってきて試すこともできる。

1. 円盤1をAからCへ移す。
2. 円盤2をAからBへ移す。
3. 円盤1をCからB（2の上）へ移す。
4. 円盤3をAからC（すでに空）へ移す。
5. 円盤1をBからA（すでに空）へ移す。
6. 円盤2をBからC（3の上）へ移す。
7. 円盤1をAからC（2の上）へ移す。

このバージョンでは、仕事を完遂するのに7回の移し替えが必要であった。この結果は2^3-1と表すことができる、ということに注意しよう（なぜなら、$2^3-1=8-1=7$）。2円盤バージョンのときと同じく、べき指数「^{3}」は、ゲームにおける円盤の数を表している。

一般的なパターンがありそうなことは、すでに明らかである。実際、もし円盤の数を4枚、5枚と増やしながら「ハノイの塔」ゲームをやれば、円盤を移動させる回数は、一般的な公式2^n-1に従って増えてゆくことがわかるだろう。この公式では、nは円盤の数を表す。リュカの

パズルでは、円盤の数は $n = 64$ であり、ゆえに第1の棒から第3の棒に円盤を移し替える仕事を完遂するのに必要な移動の回数は $2^n - 1 = 2^{64} - 1$ となり、これは上で述べたように天文学的数字になる（1秒に1回の移動でさえ5820億年かかる！）。

以下がこのゲームの1、2、3、…、64枚の円盤のバージョンの要約である。

表6-3 ハノイの塔：1～64円盤のバージョン

必要な移動の回数

円盤数	$2^n - 1$　（$n =$ 円盤数）						
1	$2^n - 1$	$=$	$2^1 - 1$	$=$	$2 - 1$	$=$	1
2	$2^n - 1$	$=$	$2^2 - 1$	$=$	$4 - 1$	$=$	3
3	$2^n - 1$	$=$	$2^3 - 1$	$=$	$8 - 1$	$=$	7
4	$2^n - 1$	$=$	$2^4 - 1$	$=$	$16 - 1$	$=$	15
5	$2^n - 1$	$=$	$2^5 - 1$	$=$	$32 - 1$	$=$	31
6	$2^n - 1$	$=$	$2^6 - 1$	$=$	$64 - 1$	$=$	63
7	$2^n - 1$	$=$	$2^7 - 1$	$=$	$128 - 1$	$=$	127
…	…						
64	$2^n - 1$	$=$	$2^{64} - 1$	$=$	天文学的な数！		

これを厳密に数学的な言葉で言えば、このゲームの逐次バージョンで必要とされる各移動回数は、結局、最終項が $(2^n - 1)$ である幾何数列の逐次項である、ということになる。

$$\{(2^1 - 1)、(2^2 - 1)、(2^3 - 1)、(2^4 - 1)、(2^5 - 1)、…、(2^n - 1)\}$$
$$= \{1、3、7、15、31、63、…\}$$

見てわかるように、リュカのパズルは「指数的成長」の巨大さを示す、

簡単ではあるが「劇的」なひとつの実例である。

数学的注釈

指数的成長の考えは、歴史を通じて多くのパズリストの想像力をとらえてきた。1256年にアラビアの伝記作家イブン・ハッリカーンは、チェス盤を使ってそれをうまく説明した。彼のパズルは、わかりやすく言うと次のようである。

> チェス盤には64の升目がある。もしの最初の升目に1粒の麦をおき、2番目の升目には2粒、3番目の升目には4粒、4番目の枡目には8粒、というふうに麦粒をおいてゆけば、最後の升目には何粒の麦が必要か？

リュカのパズルと同様に、このパズルも幾何数列 $\{2^0、2^1、2^2、2^3、2^4、\cdots、2^{63}\}$ をつくり出す。各項が表すのは、チェス盤の連続する各升目におかれた麦粒の数である。

最初の升目には：1粒＝2^0粒
2番目の升目には：2粒＝2^1粒
3番目の升目には：4粒＝2^2粒
4番目の升目には：8粒＝2^3粒
5番目の升目には：16粒＝2^4粒
…
64番目の升目には：＝2^{63}粒

下に8番目の升目（2^7粒＝128粒）まで麦粒を入れたチェス盤を示す。

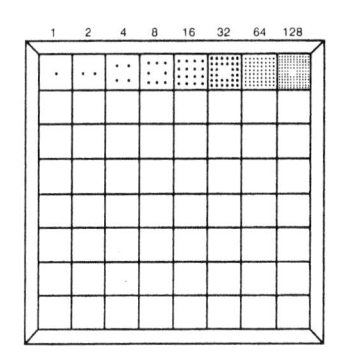

もし n を用いてこの数列の項の番号を表すならば、n 番目の項は (2^{n-1}) である。これは、チェス盤の升目を表す項のべき数が升目の番号より1だけ小さいことを示す。2^{63} という値は非常に大きいので、一体どんな種類のチェス盤ならそのような多くの麦粒をのせることができるかを考えると呆然とする。もちろん、そんなにたくさんの麦粒をどこで見つけるのかを考えなければならないことは言うまでもないが。64番目の升目は約 1.84×10^{19} 粒を含むはずである。この量はおよそ 3×10^{13} ブッシェル（約 10^{15} リットル）、世界の年間小麦収穫高の数倍である！

完全数とメルセンヌ素数

イブン・ハッリカーンのパズルには、真に興味深いパターンがいくつか隠されている。たとえば、もし第2のチェス盤が第1のチェス盤の隣におかれるならば、第2のチェス盤の最後（128番目）の升目には 2^{127} 粒が積み上げられることになる。この値から1を引くと $(2^{127} - 1)$、その結果得られる数は 170,141,183,460,231,731,687,303,715,884,105,727 となる。信じがたいことに、これは素数なのである！

すでに読者はお気づきかもしれないが、チェス盤のどの升目でもその上の麦粒の数から1を引くことは、「ハノイの塔」の公式 $(2^n - 1)$ を使ってその升目を表すことと同等なのである。まさにこの公式の背後に

は興味ある歴史がある。たとえば、この公式は、ユークリッドによっていわゆる完全数をつくり出すのに用いられた。

完全数とは、それ自身を除いたすべての約数の和に等しくなる整数であると定義される。最も小さい完全数は6である。6の約数は1、2、3であるから（$6 = 1 \times 2 \times 3$）、これらを足すと6になる（$6 = 1 + 2 + 3$）。次にくる完全数は28であり、その約数（1、2、4、7、14）を足せば28（$= 1 + 2 + 4 + 7 + 14$）になる。完全数は時代を通じて人々を魅してきた。聖アウグスティヌス (354 - 430) は、著書『神の国』において、神は6日かけて世界を創造し、7日目に休息したと論じた。なぜなら、完全数として6は創造の仕上げを象徴したからである。ちなみに、6のあとにくる3つの完全数は28と496と8,128である。これら3つが古代ギリシアで発見されてから1,400年経って5番目が発見された。それは33,550,336である。私の知識の範囲内では、これまでに発見された完全数は17個である。最後の17番目のものは1,373桁の数で、これを全部書き出せばこのページいっぱいになってしまうだろう。

ユークリッドは、公式 $[2^{n-1}(2^n - 1)]$ がすべての完全数をつくり出すはずだと主張した。しかし結局のところ、この公式は、$(2^n - 1)$ が素数であるとき、偶数の完全数をつくり出すだけなのである——2000年後にレオンハルト・オイラーによって証明された事実。たとえば、もし$n = 2$ならば、$2^n - 1 = 2^2 - 1 = 4 - 1 = 3$である。これは素数だから、私たちはさっそくユークリッドの公式を使って完全数をつくることができる。

$$2^{n-1}(2^n - 1) = 2^{2-1}(2^2 - 1) = 2^1(4 - 1) = (2)(3) = 6$$

奇数の完全数はこれまで見つけられていない。おそらく存在しないのだろう。

さて、ユークリッドの公式を通してイブン・ハッリカーンのチェス盤

をもっとよく調べてみよう。各升目における麦粒の個数は、$n = 0$ から始まる公式 2^n で表されることを思い出そう。

2^0	2^1	2^2	2^3	2^4	2^5	2^6	2^7
2^8	2^9	2^{10}	2^{11}	2^{12}	2^{13}	2^{14}	2^{15}
2^{16}	2^{17}	2^{18}	2^{19}	2^{20}	2^{21}	2^{22}	2^{23}
2^{24}	2^{25}	2^{26}	2^{27}	2^{28}	2^{29}	2^{30}	2^{31}
2^{32}	2^{33}	2^{34}	2^{35}	2^{36}	2^{37}	2^{38}	2^{39}
2^{40}	2^{41}	2^{42}	2^{43}	2^{44}	2^{45}	2^{46}	2^{47}
2^{48}	2^{49}	2^{50}	2^{51}	2^{52}	2^{53}	2^{54}	2^{55}
2^{56}	2^{57}	2^{58}	2^{59}	2^{60}	2^{61}	2^{62}	2^{63}

もし各升目から1粒を取り去れば、その結果は、上で述べたように、$(2^n - 1)$ となる。結局のところ、この公式は各升目の素数性（素数であるという性質）を判定するのに使うことができる。たとえば、4番目の升目には 2^3 粒つまり8粒がある。もしそれから1粒を取り去るならば $(2^3 - 1)$、7が得られる。これは素数である。このようにして導き出された素数のことをメルセンヌ素数とよぶ。フランスの数学者マラン・メルセンヌ (1588 – 1648) が素数判定法として公式 $(2^n - 1)$ を用いたことからこう呼ばれている。イブン・ハッリカーンのチェス盤に当てはめると、この公式は上図で影をつけた升目に素数をつくり出す。

升目	升目の値	升目のメルセンヌ数	素数の値
3番目	$2^2 = 4$	$(2^n - 1) = 2^2 - 1$	3
4番目	$2^3 = 8$	$(2^n - 1) = 2^3 - 1$	7

6番目	$2^5 = 32$	$(2^n - 1) = 2^5 - 1$	31
8番目	$2^7 = 128$	$(2^n - 1) = 2^7 - 1$	127
…			

メルセンヌの素数判定法は大きな素数を決定するのに使われてきた。たとえば、1978年に、カリフォルニアの2人の高校生、ローラ・ニッケルとカート・ランドン・ノルはコンピュータの手法を使って $(2^{21,701} - 1)$ が素数であることを発見した。これはそれまでに発見された25番目のメルセンヌ素数となった。この数は6,533桁である。1996年に、フロリダのコンピュータプログラマー、ジョージ・ウォルトマンによって設立された、素数マニアの国際的インターネット連合 GIMPS(「大インターネットメルセンヌ素数探索プロジェクト」を意味する言葉の頭文字)が、$(2^{3,021,377} - 1)$ が素数であることを決定した。これは発見された37番目のメルセンヌ素数であった。この数は909,526桁である。1999年には、このグループはもうひとつのメルセンヌ素数 $(2^{6,972,593} - 1)$ を発見した。これは2,098,960桁の数である。興味のある読者は GIMPS のサイト (www.mersenne.org) を見るとよい [2005年12月に43番目のメルセンヌ素数として $(2^{30,402,457} - 1)$ が発見された。これは9,152,052桁の数である]。

無限

ますます大きくなる素数の探索は、数学的な無限という問題を提起する。古代ギリシア人は、第8章で見るように、無限を研究するということの価値について知っていたことは確かである。しかし、20世紀の当初にこの研究を数学の一分野にしたのは、ドイツの数学者ゲオルク・カントールであった。

偉大なイタリアの科学者ガリレオ・ガリレイ (1564 – 1642) は、数学的な無限が常識に対して深刻な挑戦を提起すると考えた。1638年の力作

『力学と運動という二つの新しい科学に関する理論とその数学的証明』（いわゆる『新科学対話』）のなかで、ガリレオは、整数を2乗（平方）したものの集合が、ひとつずつ、すべての正の整数に対応づけられることにとくに言及し、これら2乗数（平方数）は整数と同じだけあるものと結論しなければならない（たとえこれら2乗数はそれ自身整数の集合の部分集合にすぎなくても）、という途方もない可能性を引き出したのである。

ゲオルク・カントール (1845 – 1918)

カントールはドイツ人を両親としてサンクトペテルブルグ（ロシア）で生まれた。彼は数列に関する初期の仕事から集合論（集合の性質の研究）を発展させ、これが近代的な解析学の基礎をなすものとなった。無限数列に関する彼の仕事は、数学の基礎をゆり動かした。その震えはいまもなお続いているのである。

以下の2つの集合の比較が示すように、2乗数でない数が存在するというのに、どうしてそのようなことが可能なのか？

整数：	1	2	3	4	5	6	7	8	9	10	11	12	…
	↕	↕	↕	↕	↕	↕	↕	↕	↕	↕	↕	↕	
2乗数：	1	−	−	4	−	−	−	−	9	−	−	−	…

予想されるように、この比較は、下の並び（2乗数の集合）が上の並び（整数の集合）の部分集合であるとすれば、下の並びにより多くの空白があることを明らかにしている。したがって、常識に従えば、私たちは、整数の集合がそのなかに含む要素は2乗数の集合が含む要素よりも多いと結論せざるをえないことになる。ところが、そうではないのだ。1872

年にカントールは、ガリレオの洞察を再考した結果、まさしくガリレオの言ったとおりであること——2つの集合は同数の要素をもつこと——を示したのである。このことは、下の並びから空白を取り除く（残った数字を左へつめる）ことにより、つまり2乗数を整数全体の集合と直接1対1に対応づけることによって、容易に示すことができる。この結果は、どれほど遠くまでこの比較を延長しようとも「残りもの」がまったくないことを示している。すべての整数がひとつの2乗数とぴったり対応している。その逆もまた同じである。

整数： 1　2　3　4　5　6　7　8　9　10　11　12　…
　　　 ↕　↕　↕　↕　↕　↕　↕　↕　↕　↕　↕　↕
2乗数：1　4　9　16　25　36　49　64　81　100　121　144　…
　　　 1^2　2^2　3^2　4^2　5^2　6^2　7^2　8^2　9^2　10^2　11^2　12^2　…

　ここで、いっそう奇妙とさえ言えるのは、整数とどんな累乗数とのあいだでも、この同じ1対1対応がつけられるということである。

整数： 1　2　3　4　5　6　7　8　9　10　11　12　…
　　　 ↕　↕　↕　↕　↕　↕　↕　↕　↕　↕　↕　↕
累乗数：1^n　2^n　3^n　4^n　5^n　6^n　7^n　8^n　9^n　10^n　11^n　12^n　…

　この単純だが鮮やかな比較の手法は、まさに「常識の論理的盲点」を突くものである！　それどころか、カントールの論証は、それが最初に発表されたとき、数学界にとっては驚天動地以外の何ものでもなかった。その余震は今日でも感じられるのである。
　数学的無限の研究はパラドクスで満ちている。たとえば、1対1の対応は、「可算数」の集合とその部分集合のどれとのあいだでもつけられるのである。2つの好例は偶数と奇数である。

整数：	1	2	3	4	5	6	7	8	9	10	11	12	…
	⇕	⇕	⇕	⇕	⇕	⇕	⇕	⇕	⇕	⇕	⇕	⇕	
偶数：	2	4	6	8	10	12	14	16	18	20	22	24	…

整数：	1	2	3	4	5	6	7	8	9	10	11	12	…
	⇕	⇕	⇕	⇕	⇕	⇕	⇕	⇕	⇕	⇕	⇕	⇕	
奇数：	1	3	5	7	9	11	13	15	17	19	21	23	…

可算数は基数（正の整数）ともよばれ、それらと1対1対応におくことのできる数の集合はすべて同じ濃度をもつと言われる。カントールはこの考えを用いてあらゆる種類の集合を調べた。有理数の集合について考えてみよう。前章で見たように、これらは、pとq（$\neq 0$）を整数として、p/qの形に書くことができる数である。したがって、たとえば、$2/3$、$-5/8$、5、$4/7$などは有理数である。基数はそれ自身で有理数の部分集合である——あらゆる整数pは$p/1$の形に書くことができる。有限小数も有理数である。なぜなら、たとえば、3.579という数は3,579/1,000というふうにp/qの形に書けるからである。最後に、すべての循環小数は有理数である（この証明はここの議論の範囲外であるが）。たとえば、0.3333333…は$1/3$と書けるからである。

驚くべきことに、カントールは、有理数もまた可算数と同じ濃度をもっていることを証明したのである。彼の証明法は、またもや、思いがけず優美でかつ単純なものであった。まず、彼はすべての有理数の集合を以下のような並べ方で配列した。

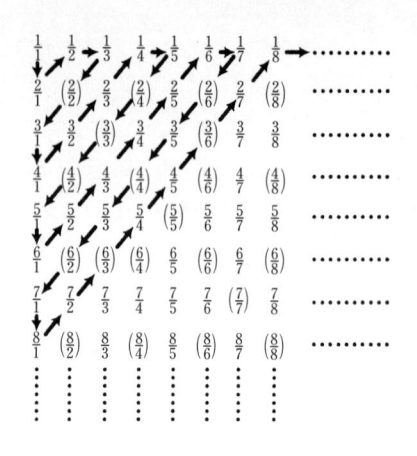

$$
\begin{array}{cccccccc}
\frac{1}{1} & \frac{1}{2} & \frac{1}{3} & \frac{1}{4} & \frac{1}{5} & \frac{1}{6} & \frac{1}{7} & \frac{1}{8} \cdots \\
\frac{2}{1} & \left(\frac{2}{2}\right) & \frac{2}{3} & \left(\frac{2}{4}\right) & \frac{2}{5} & \left(\frac{2}{6}\right) & \frac{2}{7} & \left(\frac{2}{8}\right) \cdots \\
\frac{3}{1} & \frac{3}{2} & \left(\frac{3}{3}\right) & \frac{3}{4} & \frac{3}{5} & \left(\frac{3}{6}\right) & \frac{3}{7} & \frac{3}{8} \cdots \\
\frac{4}{1} & \left(\frac{4}{2}\right) & \frac{4}{3} & \left(\frac{4}{4}\right) & \frac{4}{5} & \left(\frac{4}{6}\right) & \frac{4}{7} & \left(\frac{4}{8}\right) \cdots \\
\frac{5}{1} & \frac{5}{2} & \frac{5}{3} & \frac{5}{4} & \left(\frac{5}{5}\right) & \frac{5}{6} & \frac{5}{7} & \frac{5}{8} \cdots \\
\frac{6}{1} & \left(\frac{6}{2}\right) & \left(\frac{6}{3}\right) & \left(\frac{6}{4}\right) & \frac{6}{5} & \left(\frac{6}{6}\right) & \frac{6}{7} & \left(\frac{6}{8}\right) \cdots \\
\frac{7}{1} & \frac{7}{2} & \frac{7}{3} & \frac{7}{4} & \frac{7}{5} & \frac{7}{6} & \left(\frac{7}{7}\right) & \frac{7}{8} \cdots \\
\frac{8}{1} & \left(\frac{8}{2}\right) & \frac{8}{3} & \left(\frac{8}{4}\right) & \frac{8}{5} & \left(\frac{8}{6}\right) & \frac{8}{7} & \left(\frac{8}{8}\right) \cdots \\
\vdots & \vdots & \vdots & \vdots & \vdots & \vdots & \vdots & \vdots
\end{array}
$$

おのおのの行（横の並び）では、順次に現れる分母（q）は整数 $\{1、2、3、4、5、6、\cdots\}$ である。最初の行におけるすべての数の分子（p）は 1 であり、2 行目における分子は 2、3 行目では 3、… というふうになっている。このようにして、p/q の形のすべての数はそれ以前の配列に現れる。カントールは分子と分母が共通因子（公約数）をもつすべての分数を括弧でくくった。もしこれらの分数を削除するならば、すべての有理数はこの配列に一回だけ現れることになる。こうしてカントールは、以下のようにして、整数とこの配列における数とのあいだに 1 対 1 対応をつけた。彼は、基数 1 をこの配列の最上部左角の $\frac{1}{1}$ に対応させ、2 を下の $\frac{2}{1}$ に対応させ、続いて矢印に従って、3 を $\frac{1}{2}$ に対応させ、4 を $\frac{1}{3}$ に対応させ、というふうに無限に対応させていった。ゆえに、矢印によって示された道筋は、基数とすべての有理数とのあいだに 1 対 1 対応をつけることを可能にするものである（括弧のなかの数を除去して）。

整数:	1	2	3	4	5	6	7	8	9	10	11	12	13	…
	⇕	⇕	⇕	⇕	⇕	⇕	⇕	⇕	⇕	⇕	⇕	⇕	⇕	
配列数:	$\frac{1}{1}$	$\frac{2}{1}$	$\frac{1}{2}$	$\frac{1}{3}$	$\frac{3}{1}$	$\frac{4}{1}$	$\frac{3}{2}$	$\frac{2}{3}$	$\frac{1}{4}$	$\frac{1}{5}$	$\frac{5}{1}$	$\frac{6}{1}$	$\frac{5}{2}$	…

結論は？　つまり、整数と同じだけの有理数があるということである！　この驚くべき証明を組み立てたカントールの鮮やかで単純明快な方法に、私たちは強い印象を受けないわけにはいかない。いったんカントールの理論全体の諸原理に内在する単純明快さを理解するならば、この着想が風変わりな数学者の活発すぎる想像力の所産であるとはとても思えないのである。

　カントールは同じ濃度をもった数を「アレフゼロ」（$\aleph_0$）の集合に属するものに分類した（アレフ$\aleph$はヘブライ語アルファベットの第1文字である）。彼は$\aleph_0$を超限数（どんな有限数よりも大きな数）とよんだ。驚いたことに、カントールはほかにも超限数があることを発見したのである。これらは整数よりも大きな濃度をもつ数の集合である。彼はおのおのの順次により大きな超限数に下つき数字をつけた $\{\aleph_0、\aleph_1、\aleph_2、…\}$。

　ここで読者は尋ねるかもしれない。いろいろな超限数はどのように存在しうるのか？　カントールの証明はここでもまたその単純明快さを発揮する。数直線上で0と1とのあいだに存在するすべての可能な数を取り、それらを小数形で配列することを考えよう。おのおのの数を $\{N_1、N_2、…\}$ とよぶ。0と1とのあいだには非常に多くの p/q の形の数があるので、私たちはいかなる順序であれそれらを並べることなどできないのだということに注意しよう。したがって、ここに与えられる数は単なる抜取りの結果のひとつにすぎない。

$N_1 = 0.4225896…$
$N_2 = 0.7166932…$
$N_3 = 0.7796419…$
…

一体全体どうすればそのようなリストにない数を組み立てることができるというのだろうか？　その方法とはこうである。それをCとよぼう。それを組み立てるには、次のようにする。(1) 小数点のあとのその最初の数字として、N_1の最初の場所における最初の数字より1だけ大きい数を選び、(2) その2番目の数字として、N_2の2番目の場所における2番目の数より1だけ大きい数を選び、(3) その3番目の数字として、N_3の3番目の場所における3番目の数より1だけ大きい数を選び、(4) …、というようにしてゆく。

$N_1 = 0.\underline{4}225896\ldots$

組み立てられる数Cは、小数点のあと4から始まるのでなく、5から始まる。

$C = 0.5\ldots$
$N_2 = 0.7\underline{1}66932\ldots$

組み立てられる数Cでは、1でなく、2がくる。

$C = 0.52\ldots$
$N_3 = 0.77\underline{9}6419\ldots$

組み立てられる数Cでは、9でなく、0がくる $(9 + 1 = 0)$。

$C = 0.520\ldots$
$\ldots$

こうして、数$C = 0.520\ldots$は、N_1、N_2、N_3、…とは異なる別の数であ

る。なぜなら、その（小数点のあとの）最初の数字は N_1 における最初の数字と違っており、その2番目の数字は N_2 における2番目の数字と違っており、その3番目の数字は N_3 における3番目の数字と違っており、…、と無限に続くからである。実は、私たちがいま組み立てたものは、$\aleph_0$ とは異なる超限数なのである。この数は上のリストのなかのどこにも出現しないのである。

省察

無限に関する研究は、心から人の興味をそそり、人を驚かせるが、そのくせ実に単純である。「ハノイの塔のパズル」はまた数学的無限の仮想モデルとして単純な形で用いることができる。これは、棒の数、棒の長さ、棒を立てる台の広がりに限界がないと仮定することによって可能になる。こうしてゲームは無限に続くだろう。

　永遠のゲームという考えには神秘的な何かがただよう。これはドイツの偉大な作家ヘルマン・ヘッセ（1877 – 62）の最後の小説『ガラス玉演戯』(1943) にも見出される概念である。この小説では、人生の意味が、ガラス玉演戯——無限に繰返しパターンをつくることに関連したゲーム——の名人に徐々に明らかにされる。ヘッセがリュカのゲームを知っていたことを暗示する証拠はないし、たとえ知っていたとしても、それが彼の傑作を書くのに影響を及ぼしたとも思われない。しかし人生が単純な規則に従って演じられる永遠のゲームであるという概念が、このパズルによってもこの小説によっても鮮やかにとらえられている。リュカのパズルは数学的であると同時に隠喩的でさえあるように思われるのである。

探求問題

「リュカのゲーム」と「イブン・ハッリカーンのゲーム」

48. ここに「ハノイの塔」のゲームのトランプ版がある。同じ1組のトランプから4枚のカード——たとえば、スペードの1の札（エース）、2の札、3の札、4の札——を番号順にとる。これらのカードを、Aという場所におく。このすぐ隣に空いた場所BとCを用意する。

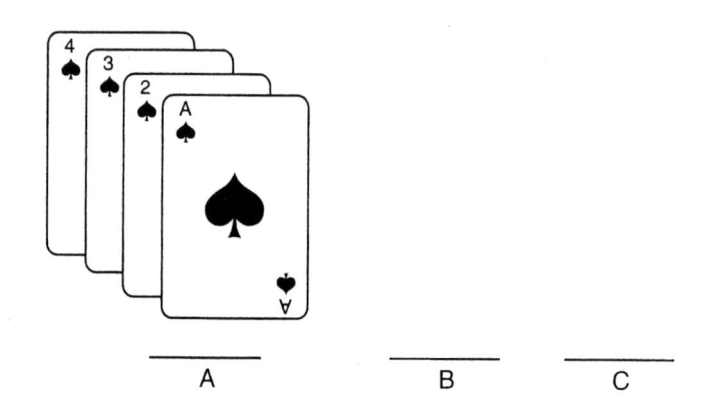

　　　A　　　　　　　B　　　　　C

このゲームの目的は、同じ規則に従って、これらのカードを場所Cへ移し替えることである。ただし、(1) より大きな値のカードは、より小さな値のカードの上においてはならず、(2) 新しい場所へは、1度に1枚のカードしか動かすことができない。

49. メルセンヌの公式 ($2^n - 1$) は、イブン・ハッリカーンのチェス盤上のある升目に当てはめると素数をつくる、ということを思い起こそう。

升目	nの値	升目の値	メルセンヌの公式	メルセンヌ素数
3番目	2	$2^2 = 4$	$2^n - 1 = 2^2 - 1$	3
4番目	3	$2^3 = 8$	$2^n - 1 = 2^3 - 1$	7
6番目	5	$2^5 = 32$	$2^n - 1 = 2^5 - 1$	31

| 8番目 | 7 | $2^7 = 128$ | $2^n - 1 = 2^7 - 1$ | 127 |

…

チェス盤上の9個のメルセンヌ素数に対するnの値は、

升目	nの値（2^nにおける）
3番目	2
4番目	3
6番目	5
8番目	7
14番目	13
18番目	17
20番目	19
32番目	31
62番目	61

どんなパターンが見えるか？

50. では、イブン・ハッリカーンのパズルの条件を次のように変えると、どういうことになるか？

▼ 各偶数番目の升目にある麦粒の数は、そのまえの奇数番目の升目の粒数に2^nを掛けてつくられるとする。

▼ 各奇数番目の升目にある麦粒の数は、そのまえの偶数番目の升目の粒数を2で割ってつくられるとする。

ここでもまた、最初の升目の1粒から始めことにする。このようにしてつくられた数列にどんなパターンが見えるか？

51. チェス盤は何世紀もまえに用いられるようになって以来、ずっとあらゆる種類のパズルの源となって数学的考えを探求してきた。一見難しく見えても思いのほか単純な解法のために、ほとんどすべてのパ

ズル選集に入れられているものに次のパズルがある。

もしあるチェッカー盤から2つの反対側の角を取り除いたならば、このチェッカー盤をドミノ牌でおおい尽くすことができるか？ただし、ドミノ牌のサイズはチェッカー盤の2つの隣り合う升目のサイズと同じとする。ドミノ牌は互いに重ね合わせにされることはできない。

2つの向かい側の白い角を取り除いたチェッカー盤

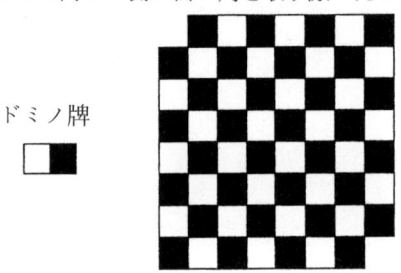

ドミノ牌

無限

52. 整数が次のものと1対1対応させられることを示せ。

A. 10の倍数の集合

B. 分子が1のままで、分母が1から順に無限に大きくなる数である分数の部分集合

53. 最初の超限数 $\aleph_0$ を考える。

A. それに1を足すとどうなるか？

$\aleph_0 + 1 = ?$

B. それに任意の数 n を足すとどうなるか？

$\aleph_0 + n = ?$

C. それを2倍するとどうなるか？

$\aleph_0 + \aleph_0 = 2\aleph_0 = ?$

7

ロイドの「地球から追い出せ」のパズル

人々がだまされて真実に遠い見解をもつときはいつでも、
誤った考えがその真実との類似点を通して、
人々の心のなかにすべり込んでいることは明らかである。

ソクラテス (469 – 399 B.C.)

あらゆる時代を通じて最もシャープなパズル考案家(パズリスト)は、間違いなくアメリカの技師サム・ロイドであった。第4章で見たように、ロイドは、最初の正真正銘の世界的「パズル大流行」を引き起こしたあの「15パズル」の考案者であった。彼は巧妙なパズルやゲームをたくさん発明し、今日に至るまで人々を考え込ませたり楽しませたりしているのである。それらの多くは一時的に確信を見合わせさせ、奇術や手品と同じように煙に巻く効果をつくり出すのである。

初めてそれに出くわした人が必ず当惑する彼の手品的な仕掛けのパズルのひとつは、「地球から追い出せのパズル」である。しかし、これもまた、「15パズル」と同じように、単なる巧妙なごまかしの問題にすぎないと片づけられるパズルではない。つまるところ、このパズルは幾何学的な作図にかかわる重要な数学的問題のいくつかにスポットライトを当てているのであり、そのため、数学の教師たちによって、あらゆる事実とあらゆる結果を単に真なりと仮定することなく十分に検討することが重要であるということを、学生たちに強調するのに用いられているのである。ゆえに、その種のパズルの代表として、このパズルは古今10大パズルのひとつとしての資格がある。

サム・ロイド (1841 – 1911)

サム・ロイドはアメリカのフィラデルフィアに生まれ、大学で工学を学んだ。1860年に雑誌『チェス・マンスリー』の問題編集者

になったあと、彼はパズルだけから十分な収入が得られることに気がついた。

　ニューヨーク市の小さなほこりっぽい事務所から、ロイドは生涯に1万点を超えるパズルを生み出した。それらの大部分はきわめて挑戦的なものであったので、それに誘い込まれた「パズル中毒者」たちは答を見出そうとして無限の時間を浪費する羽目に陥ったのである。

パズル

ロイドのパズルは独創的な「切ってすべらす」手品のひとつである。その基礎となった着想は、ウィリアム・フーパーとかいう人が書いた『推理レクリエーション』と題する1774年の本に掲載されていたパズルにさかのぼるらしい。ロイドのバージョンは、小さな紙の円盤をより大きな紙の円盤にピンで留めて回るようにしたものである。それから、彼は

2つの円盤に適当なアートワークをほどこして図形全体を地球らしく見えるようにし、その上に13人の中国人戦士を描いた。ロイドは1897年にこのパズルの特許をとった。このパズルは1千万部以上が売られたという。

この小さいほうの円盤を少しばかり左回りに回すと、以下に示したように、13人いた戦士が不思議なことに12人に変わる。13人目の戦士はどこへいったのか？

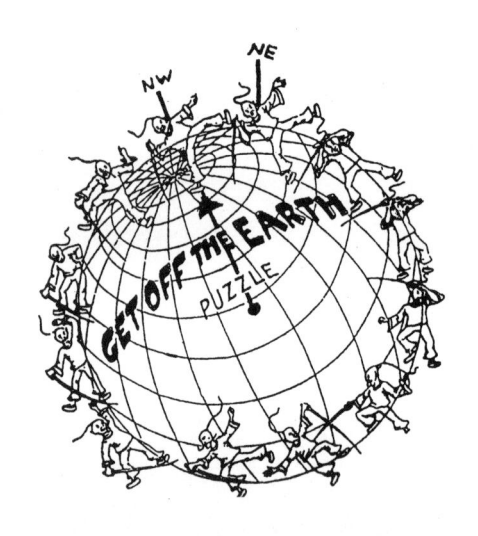

この中国人戦士たちは、腕、脚、胴体、頭、剣を表す小さい裂片の集まりとしてつくられている。地球が回されると、これらの裂片の再配列が行われて、おのおのの戦士は彼の隣人から片身を得ることになる。たとえば、左下では、2人の戦士が互いにすぐ隣にいる。この上側の戦士はいま片足を失いつつある。地球が回されると、彼は右側の戦士から彼の片足をもらう。その隣人はさらにその右側の戦士から2つの足（ひとつを失ったので）と片脚の小片を得る。回転の結果として、13人の戦士のうちの1人が彼の体の部分のすべてを「失う」ことになり、このこ

とが、彼があたかも「消えた」かのように思わせるのである。

このパズルの基礎になっている巧妙な着想を理解するために、「消える」平行棒について考えてみよう。まず、下図のように、紙に鉛筆で長方形ABCDを描き、そのなかに10本の等しい長さの直線を等しい間隔で平行に引く。次にこの長方形に点線で対角線を入れる。

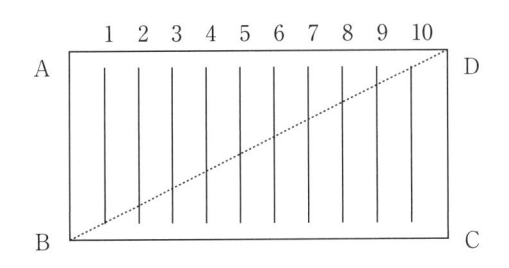

ただし、このとき、この対角線はちょうど線10の上端と線1の下端をかすめるように引かれていなければならない。このとき、10本の垂直の直線は長さが等しく、平行で、互いに等間隔にあることを確かめなければならない。正しく作図するまでに読者は何枚かの下絵を描かなければならないかもしれないが、それは結果に大きく影響するので大切なことである。でないと「消える」手品はうまくいかないのである。

それが終わると、この長方形を対角線に沿って2つに切り、上半片と

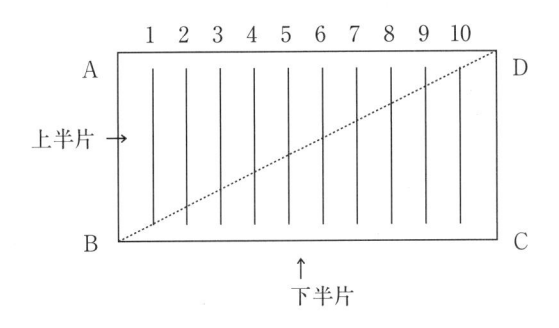

下半片に分ける。

次に、10本の直線の番号と長方形の文字を消しゴムで消す（切るまえに消してもよい）。それから、下半片を左下に向けてすべらせてゆくが、下半片の線分と上半片の線分とが最初にぴったり同調（連続）するところで止める。このようにして、長方形のなかの直線が見たところ全部保たれているようにする。2つの「はみ出し線」ができるが、これは切り離してしまおう。

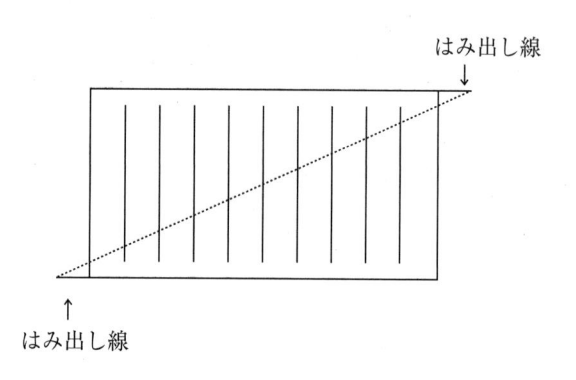

はみ出し線 →

↑
はみ出し線

こうして、新しい、まえよりわずかに短い長方形ができる。

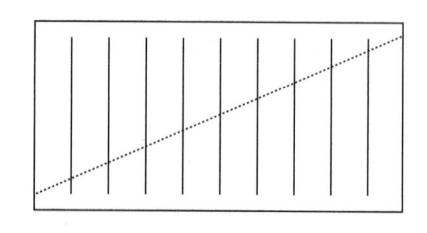

もしこの新しい図形の直線に番号をふり直し、新しい長方形も文字で表すならば、今度はこの長方形のなかには9本の直線しかないことに、私たちは気づくのである。

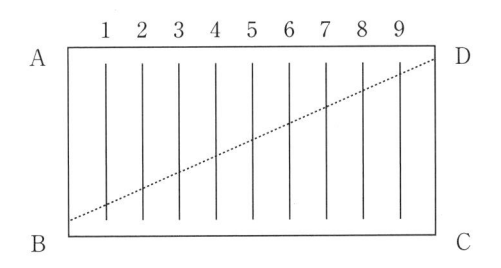

10番目の直線に何が起こったのか？　実は何も起こってはいないのだ。紙をすべらせたために、10番目の直線は長方形の辺DCに重なるようになった、要するに、辺DCによって隠されたというわけである。

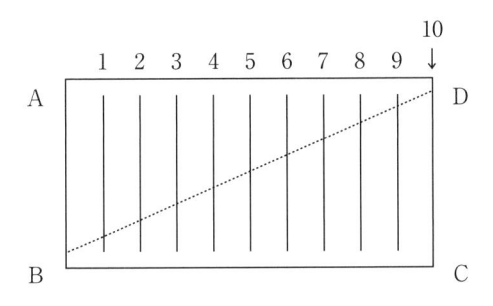

では、この「消える手品」を分析してみよう。直線1と直線10は切断後も同じままで変わりないが、一方、残り8本の直線（2〜9）はどれも2つの線分に切り分けられている。下半片を左下に向けてすべらすと、新しい直線ができることになる。おのおのの新しい直線は上側線分と下側線分とから構成されている。この下側線分というのは、切ってすべらすまえには、それぞれのひとつ右側にあった直線の下側の部分であった。10番目の直線はいまもそこにあるが、いまや新しい長方形の辺BCと一致しているのである。実際、もし下半片を上右にすべらせてもどすならば、直線10は再び現れる。

7：ロイドの「地球から追い出せ」のパズル

この「切ってすべらす」タイプの手品こそ、ロイドが「地球から追い出せのパズル」をつくり出すのに用いた手なのであった。ロイドの小円盤（地球）が回されると、中国人戦士たちの体の諸部分が（上の長方形における直線と同じように）再配列され、このため、戦士の一人が（上の10番目の直線と同じように）「消えてしまった」かのように見えるのである。

数学的注釈

2つの道具――定規(じょうぎ)とコンパス――を用いて図形を作図したり切断したりすることは、ある与えられた図形の性質を調べたりそれらについて定理を導き出したりするための常套的な「具体的」手法である。私たちがいま見たように、ロイドのパズルはそのなかに簡単な切断の手法を隠しており、これが、彼がどのようにそれを用いて彼のだまし絵をつくり出したかを知らない人々を間違いなくびっくりさせるのである。

切断

実際、サム・ロイドのパズルは「切断を使う手品」のジャンルに属する。次のよく知られたパズルについて考えてみよう。オリジナル版は1868

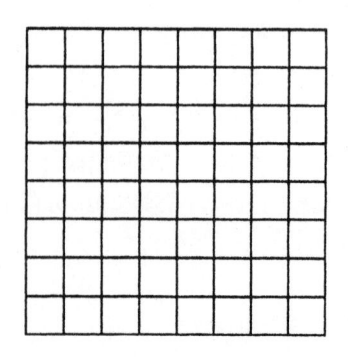

年に発表された（W・W・ラウズ・ボールによる）。ロイドはそれを、1914年に出版された自著『手品とパズルの百科事典』に載せた。

まず一枚の正方形の紙を、チェス盤のように、64個の升目に分けることから始める。もちろん、結果は 8×8 の正方形である。

このチェス盤を、下図のように、4つの図形——2つの台形（1と2）と2つの3角形（3と4）——に分割する。台形とは、1組の対辺が互いに平行な4辺形のことである。

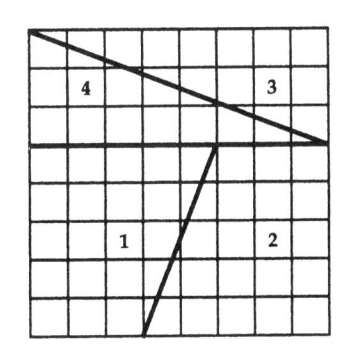

最後に、これら4つの図形を下に示すように長方形に再配列する。

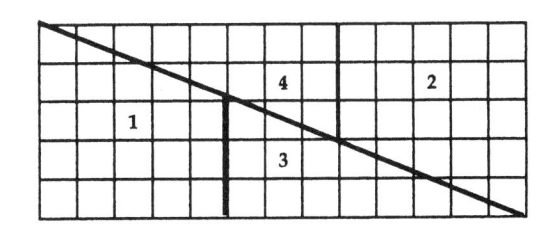

さて、この長方形のなかの升目を数えてみよう。5×13 つまり65個の升目がある。だがちょっと待てよ！　長方形をつくるのに用いたもとの正方形にあった升目は64個であった。ひとつ多いではないか！　いか

7：ロイドの「地球から追い出せ」のパズル　　185

にして1個余分の升目が紛れ込んだのか？　真相は、私たちが切りとった4つの図形の各辺は実際には対角線に沿って一致しないということである。よく調べてみると、この長方形の対角線というのは実は気がつかないくらい長くて狭い平行四辺形であることがわかる。下の図はその部分を黒く塗りつぶしたものである。

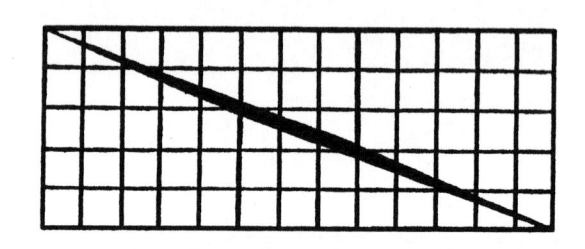

しかしこれで問題が終わるのではない。もし上の長方形の面積（$5 \times 13 = 65$）からもとの正方形の面積（$8 \times 8 = 64$）を引けば、もちろん、差は1であり、これが探していた升目の面積である。これを書き出してみよう。

　長方形の面積：$5 \times 13 = 65$
　もとの正方形の面積：$8^2 = 64$
　2つの面積の差：$(5 \times 13) - 8^2 = 1$

ここで、最後の表現における実際の数字をよく見てみよう。つまるところ、3つの数字——5、8、13——はフィボナッチ数列（第3章）における3つの連続する数字ではないか！

　　$\{1、1、2、3、\underline{5}、\underline{8}、\underline{13}、21、34、55、89、144、233、377、610、987、\cdots\}$

さらにまだある。もし、面積 8^2 の正方形を切断したのと同じようにして 3^2、21^2、55^2 の大きさの正方形を切断するならば、再配列によってそれぞれ 2×5、13×34、34×89 の大きさの長方形がつくられるのである。これらの表現における数字のすべてはフィボナッチ数列に属することに気づくであろう。どの場合でも、1個余分の升目が再配列の過程でつくり出されるのである。驚くべきことに、上で示したと同じように、これらの長方形からもとの正方形を引く計算式もまた3つの連続するフィボナッチ数からなっているのである。

$2\times5-3^2=1$ → （フィボナッチ数列における）…2、3、5…

$13\times34-21^2=1$ → （フィボナッチ数列における）…13、21、34…

$34\times89-55^2=1$ → （フィボナッチ数列における）…34、55、89…

…

この結果は私たちを驚倒させる。このことは、またしても数学がすべてパターンの研究にかかわっている、ということを印象づける（たとえそのような研究は実際的な応用がないとときおり思われるにしても）。フィボナッチ数と切断のパズルとのあいだの関連は何の役に立ちそうにもないように見えるが、それにもかかわらず、まだ確かめられていない何か重要な意味が隠されているように思われるのである。

この切断パズルは、幾何学的な想像力の領域に属する。幾何学の英語ジオメトリーは古代ギリシア語のゲオメトレイン（土地測定術）からきているように、古代ギリシア人は畑の広さを測ったり、建物の角を正確な直角にしたり、その他の実際的なことがらを計算した。しかも彼らはそれらの測定値や地取りを表すのに図形を用いた。もっと具体的に言うと、幾何学は、点、直線、角、曲線、形状、立体といったものの構造、性質、関係を扱う数学の分野である。幾何学的な問題やパズルを解くには、次の古典的パズルのように、図形を正しく描いて解釈する知識が要求されるのである。

以下の図に示すように、インチで半径が与えられているとして、長方形の対角線 AB の長さを求めよ。

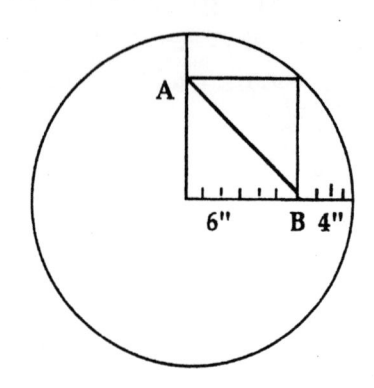

このパズルは解けそうにないように見える。洞察は図をじっくり見ることからやってくる。長方形の2つの対角線は長さが等しいことを思い出せばよい。それがこのパズルを解くのに必要な洞察なのである。それでもうひとつの対角線を引く。

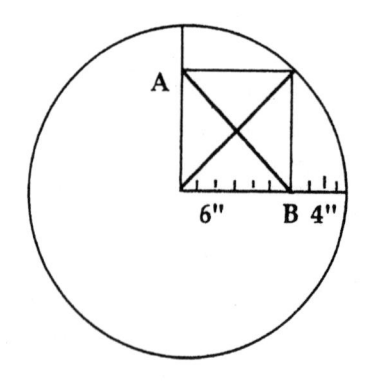

いま引いた対角線は、要するに、円の半径である。この円は半径が 6 +

$4 = 10$ インチであるから、半径に等しい対角線 AB の長さは 10 インチとなる。

錯視、あいまいな図形、不可能な図形

数あるパズルのなかでも、ロイドのパズルは、錯視の世界への間接的だが簡単な入門となっている。これらは私たちが間違って解釈する図形である。錯視の話題は心理学的にも数学的にも興味深いため、両方の分野で広範な取扱いを受けてきた。本書の目的のためには、錯視とは、目をだましてある種の図形を間違って解釈させることである、と述べれば十分であろう。たとえば、よく知られた例であるが、下の図の線分 AB は線分 CD と長さが等しいが、大部分の人には前者が後者よりも長く見えるのである。

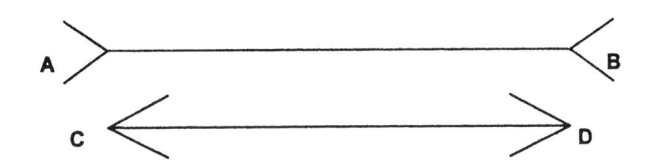

この現象は発見者ミュラー‐リエル (1857 – 1916) の名をとって「ミュラー‐リエル錯視」とよばれている。この錯視の原因は 2 つの矢尻が異なることであるのは明らかである。読者はまず等しい長さの平行線を 2 本引き、そのあとでそれらに矢尻を加えるとこの「錯視効果」が起こるのをじかに体験できる。

下に示した図はもうひとつの古典的な錯視の例で、物理学者ヨハン・ツェルナー (1834 – 82) によって考案されたものである。縦の線は互いに平行なのであるが、そのようには見えない。斜めの短い線が私たちの目をだまして縦線が傾斜しているかのように見えるのである。今度も、読者はまず垂直な平行線を何本か引き、そのあとで短い斜めの線を加えて

ゆけば、この錯覚が起こるのを直接体験することができる。

　図形のなかには、心理学者たちからあいまい図形（または多義図形）とよばれているものがある。これらは、私たちの目を誘導して、あるときは何かあるものに思わせるが、また別のときには別の何かであるようにも思わせる図形である。あいまい図形のなかでもとりわけ有名なものは下の絵であろう。実際、この例は知覚心理学の事実上すべての入門書に見ることができる。

私たちはこの絵をあるときには花瓶として知覚し、また別のときには互

いに見合わせる2つの顔として知覚する。これらの知覚はどちらも瞬時に起こるが、どちらも長続きはしない。この錯覚は1910年ごろにデンマークの心理学者エドガー・ルビンによって考案された。あいまいさの原因は、異なる影の使用である。それらはキアロスクーロ（明暗）効果をつくり出し、そのため、私たちはある瞬間には図形の暗い部分に焦点を合わせ、また次の瞬間には明るい部分に焦点を合わせざるをえないのである。キアロスクーロとは、絵画や素描における光と影（明と暗）の分布と対照を述べるために芸術家によって使われる言葉で、イタリア語のキアーロ（明るい）とオスクーロ（暗い）からつくられた。

　ここで述べる価値のある視覚的計略の第3のタイプがある。それは不可能図形として知られているもので、私たちの目をだまして2次元的な絵を3次元的に見させる絵画法――フィリッポ・ブルネレスキ（1377－1446）やアルブレヒト・デューラー（1471－1528）などのルネサンスの画家によって発展させられた手法――の産物である。この手法は透視画法（または遠近法）として知られ、紙などの2次元面に立方体のようなものを描くのに使うことができる。しかし、これを使って、私たちの目を巧みにだまして図形を不可能なものに見せることもできる。一例として、次のような階段を見てみよう。

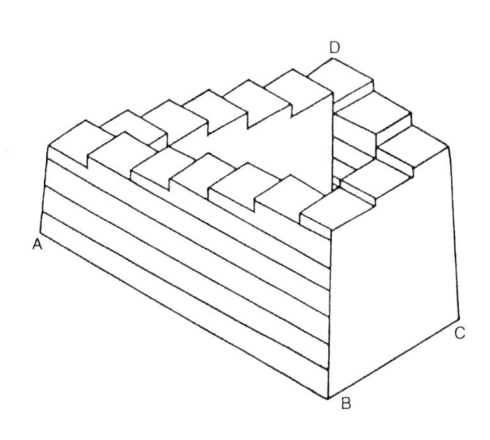

この階段は上り下りしているように見え、常識に反する——この階段には最高の段も最低の段もあるように見えない！　もしDから反時計回りに上り始めるならば、最後にはDにもどって終わる。明らかに段をひとつずつ上ってゆくが、Dより高くなって終わることはない。同じように、もし時計回りにDから下りてゆくならば、今度もまたDで終わる。ゆえにこの階段は物理学のすべての原理に矛盾するように見えるのである。

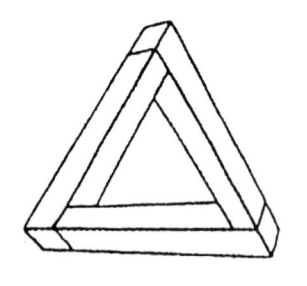

この種の錯視の最も実り多い生産者の一人はスウェーデンの芸術家で美術史家のオスカー・リューテルスヴェード（1915–）である。彼の図形は数学者の注意と心理学者の注意を等しくとらえた。ここに示すのは悪魔の3角形（デヴィルズ・トライアングル）である。この名前は、それを見る人に神経にさわるねじれの感覚と超現実的な不安感を引き起こすことからつけられた。この特殊なバージョンを実際につくったのは、イギリスの生物学者L・S・ペンローズと物理学者ロジャー・ペンローズの父子である。

このような図形を描くのに抜きん出ていた芸術家はマウリッツ・コルネリス・エッシャー（1898–1972）であった。彼の絵は知覚と絵画表現とのあいだの複雑な関係を探究している。エッシャーの、組み合って連動する図形、錘や球や立方体の鏡像、連結する環、連続的ならせん、これらは真に驚くべき効果を生み出している。

省察

ロイドの「地球から追い出せのパズル」が私たちに警告するのは、ものごとが表面上どのように見えるかについて慎重であれ、ということである。これはおそらく、茶目なロイドにとって金のもうかるパズルを創作するための刺激剤だったのではなく、感覚からの証拠を正確かつ信頼できるものとして受け入れることに対する完璧な解毒剤であると同時に、そのような素朴な傾向に逆らうひとつの方法だったのであろう。

錯視や、あいまい図形、不可能図形もまた、私たちの目が私たちに告げることについて注意深くあれと警告している。それらが明らかにしているのは、知覚を支配しているのが視覚の生理学だけではないということである。それどころか、私たちが図形について何かをするようになっていることもまた、無意識のレベルで作用する文化的に基礎づけられたさまざまな推論の産物なのである。これらの推論が、ものの表面に描かれた図形を私たちの目がどのように解釈するかに影響を及ぼすのである。

探求問題

切断と再配列のパズル

54. 次の図形には2つの耳がある。この図形を2片に切り、はり合わせて完全な長方形にしたい。どのように切ればよいか？

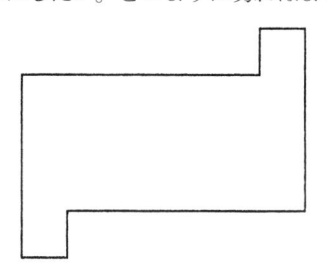

55. 下の図形を見よう。

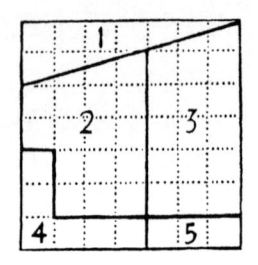

まずグラフ用紙から7×7の正方形を切りとって台紙にはりつけ、上図のように正方形の内部の線を引く。次に、これらの線に沿って切って5つの断片をつくる。最後にこれらの断片を下図ように再配列する。すると、新しい正方形のまんなかに穴がひとつ現れる！

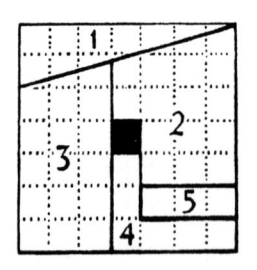

しかしこれですんだわけではない。もとの正方形には49個の升目があったが、再配列したあとの新しい正方形には升目が48個しかない。升目がひとつ消えたが、それはどこへいったのか？

56. 次の絵を見てみよう。ここには淡い色の鉛筆が6本と濃い色の鉛筆が7本ある。

194

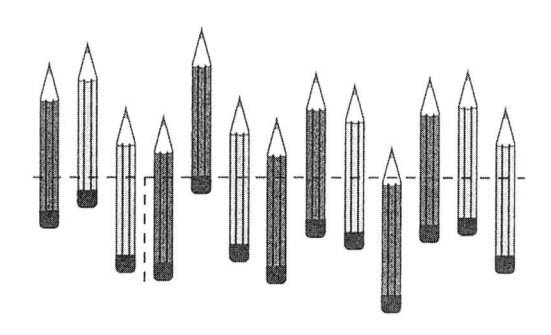

さて、これを破線に沿って切って3つの部分に分け、左下の部分と右下の部分を入れ替えてみよう。どうなるか？

錯視とあいまい図形

57. 下の絵に2つの図形が見えるはずだが、何が見えるか？

58. 下の2本の鉛筆のどちらが長いか？ 実際に測ってみよう。

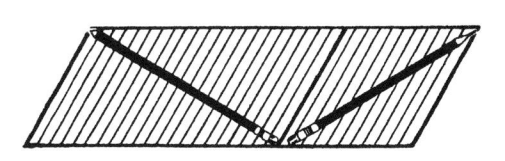

7：ロイドの「地球から追い出せ」のパズル | 195

59. 次の円形の図形はいくつかの環からなっている。ひとつだけ陰をつけていない。大きい環の外側半径は5である。内部にある環の外側半径は順に4、3、2、1である。陰をつけた2つの部分の面積はどちらが大きいか？

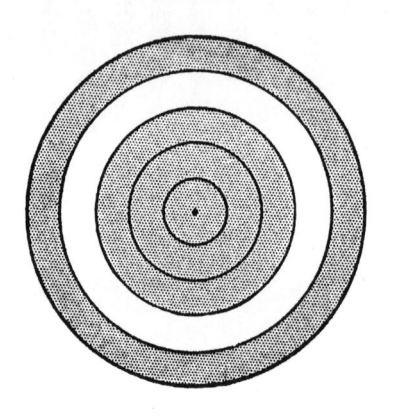

8

エピメニデスの「うそつきのパラドクス」

パラドクスの道は真理の道である。真理性を判定するには、
それに綱渡りをさせる必要がある。真理が軽業師になってはじめて、
私たちはそれを判断することができるのだ。
オスカー・ワイルド（1854 – 1900）

紀元前5世紀に、自然について、また科学と数学における論理学(ロジック)の機能について、多くの興味深い論争がギリシアで沸き起こった。傑出した参加者は、哲学者のパルメニデス (c.510B.C.) と彼の弟子、エレアのゼノンであった。ゼノンは、常識に挑む一連の巧みな論証で有名になり、それらの論証はパラドクスとして知られるようになった。パラドクスは、逆説、逆理ともいい、文字どおり「予想と相容れない説」あるいは「一見通説に反する説」のことである。

ソフィスト(知者)とよばれた巡業教師集団は、ゼノンに味方して、パラドクスが、論理学的考え方が本質的に人をあざむくものだということを暴露している、と主張した。これに反して、偉大な哲学者アリストテレス (384 – 322 B.C.) は、ゼノンのパラドクスをまことしやかな推論の練習問題だとして退けた。人間の精神の主な特色は論理的に考えるその能力である、とアリストテレスは主張したのである。彼はさらに進み、論理に三段論法とよばれる形式的な構造を与えた。

以下がアリストテレスの三段論法の一例である。

大前提：すべての人間は死ぬべき運命にある。
小前提：ソクラテスは人間である。
結論：ゆえに、ソクラテスは死を免れない。

エレアのゼノン (c.489 – 435 B.C.)

> ゼノンの生涯については、南イタリアにあったギリシアの植民地エレアに住んだということ以外ほとんど知られていない。
>
> 独創的なパラドクスを使って、ゼノンは、現実の記述に対する純粋に論理的なアプローチの結果、私たちは運動が不可能であると結論せざるをえなくなる、ということを示した。その意図は因襲打破にあったにもかかわらず、パラドクスに組み込まれた考え方は、次第次第に微積分法を確立させていっただけでなく、数学の論理的基礎を再考させることにもなった。

大前提とは、あるカテゴリーがある特質をもつ（または、もたない）ことを述べることであり、また、小前提とは、ある事柄がそのカテゴリーの構成員である（または、でない）と述べることである。結論とは、問題の事柄がその特質をもっていると断言する（または、否定する）ことである。実に巧みな論証ではあるが、パラドクスが三段論法の妥当性に異議を唱えていない以上、それらは究極的に取るに足らないのだとアリストテレスは断定した。しかしアリストテレスの応答でこの問題が片づいたわけではなかった。それどころか、論理学と数学の歴史はゼノンの立場に対する詩的擁護を物語っているのである。

パラドクスは本質的に論理学におけるパズルである。言い伝えによると、そのような論争のなかで、プロタゴラス（c.480 – 411 B.C.）はあらゆるパラドクスのなかで最もてこずるものをこしらえた。プロタゴラスはソフィストを自称した最初の哲学者であった。そのパラドクスとは「うそつきのパラドクス」として知られるようになったものである。しかしこのパラドクスの最も有名な表現は、紀元前6世紀のクレタ人、エピメニデスの名前がつけられている。彼が高名な詩人であり、クレタの預言者であったということ以外、彼の生涯についてほとんど何もわかっていない。「うそつきのパラドクス」は古今の10大パズルの仲間に加わる資格がある。なぜなら、それが、今日に至るまで人々を驚かせ続けているか

らというだけでなく、論理学の分野において何度も鳴り響いたからでもある。

パズル

「うそつきのパラドクス」に入るまえに、誰でも知っているよく似た種類のパラドクスについて少し検討してみるのがよいだろう。

　鶏が先か、卵が先か？

もし鶏が先だとあなたが言えば、鶏は卵から孵(かえ)らなければならないからそんなことは不可能だと誰かが反対するだろう。もし卵が先だと言えば、卵はまず鶏から産まれなければならないからそれもまた不可能だと再び反対されるだろう。鶏と卵のどちらが先かという問題は手におえないように思われる。それに答えようとしても永久に堂々回(どうどうめぐり)をするだけである。

「うそつきのパラドクス」はこれとまったく同種の「循環性」(堂々回)をよび起こす。これは大体次のような形で私たちに伝わっている。

　かつてクレタ人哲学者エピメニデスは「すべてのクレタ人はうそつきだ」と言った。エピメニデスが語ったことは本当か？

エピメニデスが真理を語ったと仮定しよう。すると、彼が「すべてのクレタ人はうそつきだ」と言ったことは本当だということになる。しかしながら、これから、私たちはクレタ人のエピメニデスもまたうそつきだと推論しなければならない。しかしこれは矛盾である。明らかに、いました仮定を捨てなければならないからである。反対に、エピメニデスは実はうそつきなのだと仮定しよう。すると、もし彼がうそつきならば、

「すべてのクレタ人はうそつきだ」と彼が言ったことは本当だということになる。しかしこれもまた矛盾である。うそつきは本当のことを言わないからである。明らかに、私たちは、鶏と卵の場合と同じように、循環性に直面するのである。

イギリスの数学者P・E・B・ジュールダンは1913年に、「うそつきのパラドクス」の興味深いバージョンをつくった。

> カードの一方の面に「このカードの他の面に書いてあることは本当です」と印刷されている。しかしカードの他の面には「このカードの他の面に書いてあることはうそです」と書いてある。さてこのカードをどう考えるか？

あなたは頭をかきながらカードの一方の面と他方の面をいったりきたりするだろう。読者はこの辺で、「うそつきのパラドクス」と数学とどんな関係があるのだろう、と不思議に思うかもしれない。その答は、数学が論理的循環性を免れているとつねに考えられてきたということである。しかし事実は違うのである。このことが、なぜ「うそつきのパラドクス」が歴史を通じて数学者たちを魅惑し、時代とともに、一連の巧妙なパラドクスのひとつとなって数学に革命的変化をもたらすに至ったかの理由なのである。

数学的注釈

数学者たちの夢は、つねに、循環性を免れているはずの数学に確固とした論理的基礎を与えることにあった。しかし、パラドクスがつねにこのマスタープランを邪魔立てした。パラドクスが論理学を不確かな（疑わしい）ものとして暴露するからである。このような理由で、パラドクスは、逆説的なことに（ダジャレではない）、数学の歴史において決定的

に重要な役割を演じてきた。パラドクスが提起する問題を解決しようとする試みから重要な論争が生まれ、そこから多くの発見と発展がなされたのである。

決定不可能性

「うそつきのパラドクス」における循環性の出所は「すべてのクレタ人はうそつきだ」と言ったクレタ人のエピメニデスにあることはもちろんである。これは自己言及性から起こる論理的困難の一例である。自己言及性とは、ある言明（陳述）をした人が彼または彼女自身をその言明のなかに含めることを指している。イギリスの哲学者バートランド・ラッセル（1872 – 1970）は、このパラドクスが格別やっかいであることに気づき、それが論理学と数学の基礎そのものを脅かしていると感じた。

自己言及性の本質をより正確に調べるために、ラッセルは「うそつきのパラドクス」の彼自身のバージョンとして「床屋のパラドクス」とよぶものを提案した。

> ある村の床屋は、自分で自分の髭を剃らないすべての村人の髭だけを剃るとする。それでは、その床屋は自分の髭を剃るのだろうか？

口語的表現をすれば、この床屋は「どっちにしてもまずいことになる」。彼は自分で自分の髭を剃ることに決めたとしよう。もちろん彼が髭を剃られるわけだが、彼が髭を剃る相手というのは彼自身である。しかしそれでは、この村の床屋は「自分で自分の髭を剃らないすべての村人の髭だけを剃る」という条件が破られることになる。要するに、この床屋は自分で自分の髭を剃る人の髭を剃ったことになるからだ！　それでは、この床屋は自分で自分の髭を剃らないことに決めたと仮定しよう。しかし、すると今度は、彼は髭を剃られない村人のままで終わることになる。またもや、これでは、彼つまり床屋は「自分で自分の髭を剃らないすべ

ての——彼自身を含めた——村人の髭だけを剃る」という条件と相容れなくなってしまう。ゆえに、この床屋が自分で自分の髭を剃るか剃らないかを決めることは不可能である。ラッセルは、そのような「決定不可能性」が起こる理由はこの床屋自身がその村の一員であるからだと主張した。もしこの床屋が違う村の者であったならば、このパラドクスは生じないはずである。

ドイツの哲学者ゴットロープ・フレーゲ (1848-1925) と同様に、ラッセルは、自己言及性を排除する論理的論証の体系を見つけようと努めたのである。フレーゲは、2000年以上前にソロイのクリュシッポス (c.280-c.206 B.C.) によって発展させられた考えを用いて、「うそつきのパラドクス」のような言明から、それらの「内容」とは別にそれらの「形式」を考えることによって循環性を避けることができる、と主張した。このようにして、言明（論理学では命題という）を何かあるもの（床屋、村、クレタ人など）に対応させることなく、言明の無矛盾性を調べることができるというわけである。フレーゲの進め方は、ケンブリッジの論理学者ルートヴィヒ・ウィトゲンシュタイン (1889-1951) によってさらに発展させられた。彼は、言葉でなく記号を用いて、ある命題の形式が、それが適用されうるどんな内容からとも切り離して論理的無矛盾性の有無を本質的に調べることができる、ということを保証した。もし、「雨が降っている」という命題を記号 p で表し、「日が照っている」という命題を q で表すならば、「雨が降っているか、または日が照っている」という命題には一般的な記号形式 $p \vee q$（$\vee$＝または）を割り当てることができる。「すべて」が起こるという命題は逆さ文字∀によって示される。ゆえに、「すべてのクレタ人はうそつきだ」という言明は $\forall p$ と表されるだろう。もしこの形式が論理的検査に合格したならば、それで問題は終わりであった。問題なのは、ウィトゲンシュタインの主張によると、論理学が私たちに代わって真実性を解釈すると私たちが期待することである。しかしそれは期待のしすぎなのである。ウィトゲンシュタ

インの体系は「記号論理学」として知られるようになったが、これはほかならぬパズル作成者ルイス・キャロルが彼の創意あふれる著書『論理のゲーム』のなかで予示した表現の体系なのである。

ラッセルは、アルフレッド・ノース・ホワイトヘッド (1861 – 1947) と協力して記号論理学の体系をつくり、1913年に共著で『プリンキピア・マテマティカ』(数学の原理)を発表した。この2人の哲学者の目的は、命題の「現実世界」的な内容の言及から完全に命題の形式を分離させることによって、村の床屋の問題で直面するような決定不可能性の問題を解決することであった。最初の考えでは、ラッセルとホワイトヘッドの提案は大いに意味があるように思われた。つまるところ、音楽においてある旋律の形式は、それがどのような感情を喚起しようとも、現実に重要なことのすべてなのである。調和的な作曲法と矛盾していない限り、それはひとつの有効な旋律である。しかし、ああ悲しいかな、『プリンキピア・マテマティカ』の出版のあと、命題の形式そのものが予期しない問題をもたらすことが明らかになった。これを解決するために、ラッセルは「タイプ」(型)の考え方をもち込んで、それによっていくつかのタイプの命題が異なる(ますます抽象的な)レベルに分類され、こうして他のタイプから別に考察されるようにした。こうしてこの問題は避けられるように思われた——とにかく、当分のあいだは。

ポーランドの数学者アルフレッド・タルスキー (1902 – 83) は、このような高次レベルの抽象的言明をメタ言語とよぶことにより、ラッセルのタイプの考え方をさらに発展させた。メタ言語というのは、本質的に、別の言明についての言明である。メタ言語階層の最下層にあるのは、「地球には1個の月がある」のような事柄についての明白な言明である。いま、もしあなたが「地球に1個の月があるという言明は真である」と言うならば、異なるタイプの言語を用いているのである。なぜなら、それは以前の言明についての言明を構成するからである。これがメタ言語というものである。もちろん、このような進め方全体につきまとう問題

は、より低次のレベルの言明を評価するためにますます抽象的なメタ言語が必要になるということである。しかもこれは無限に続くことだってある。要するに、タルスキーの体系は「何が何である」について最終的な決定をするのを遅らせているにすぎない。たとえば、以下の2つの言明について考えてみよう。

1. 次の文は間違っている。
2. 上の文は本当である。

言明1はもうひとつの言明である言明2に言及している。ゆえに、言明1はある種のメタ言語に属する。ところで、言明2は、言明1の標的であるが、これまた言明1について何かを述べている。ゆえに、言明2もまたあるメタ言語に属する。だが待てよ、これでは言明2が一度に2つのレベルに属することになるではないか！　タルスキーの体系それ自身がメタ言語のあいだで自己言及性をつくり出しているようではないか！

このような研究の流れ全体を最終的に（また、ありがたいことに）1931年に突如として終わらせたのは、ドイツの論理学者クルト・ゲーデル (1906-78) であった。プリンストン高等研究所にいたとき、ゲーデルは、私たちがいかに懸命に私たちの論理体系から自己言及性を排除しようと努力しても、なぜに自己言及性が人生の避けがたい事実であるのかを示したのである。ゲーデル以前には、ある論理体系内にあるすべての命題はその体系のなかで証明可能であるかまたは反証可能であるかのどちらかだ、ということが当然のことと思われていた。しかしゲーデルは、事実はそうでないのだ！ということを示して学界をあっと驚かせたのである。彼は、ある論理体系はそのなかに「真」であっても「証明不可能」な命題を必ず含むことを論証した。ゲーデルの論証は専門的にすぎるのでここで詳しく論じることはできないが、私たちの目的としては、以下のように言い換えることができるだろう。

ある数学的体系Tを考える。Tは、正しく（間違った言明がそのなかで証明できないという意味において）、かつ、その体系のなかに「それ自身の証明不可能性」を主張する言明Sを含むものとする。Sは単に「私自身は体系Tのなかで証明可能ではない」と定式化することができる。Sの真理性はいかほどか？　もしそれが偽（間違っている）ならば、その反対は真であり、このことはSが体系Tのなかで証明可能であることを意味する。しかしこれは、間違った言明はその体系のなかで証明可能でないという私たちの仮定に反している。ゆえに、私たちは、Sは真でなければならず、このことから、Sが主張するように、SはTのなかで証明不可能である、ということになる。ゆえに、Sは真であるが、この体系のなかで証明可能でない。

アメリカのパズリスト、レイモンド・スマリヤンは、以下のようなゲーデルの論証の巧みなパズル版を提供している（彼の1997年の著書を見よ）。

もし論理学者が証明できるすべてのことが真ならば、彼は正確であると定義しよう。彼は何ごとも偽であると証明することはない。
　ある日、一人の正確な論理学者が「騎士と悪党の島」を訪れた。そこの住民は騎士か悪党かのどちらかであり、騎士は真の言明しかせず、悪党は偽の言明しかしない。その論理学者が出会った住民は、彼は騎士に違いないということになる言明をした。しかしその論理学者は彼が騎士であることを証明できない！
　その言明はどのようなものだったか？

その「ゲーデル流」の言明とはこうである。「私が騎士であることをあなたは証明できない」。話し手は悪党か騎士のいずれかである。彼がう

そつきの悪党だと仮定しよう。その場合には、もちろん、この言明は偽だということになるだろう。その反対は真であるから、「私が騎士であることをあなたは証明できる」となるだろう。しかし話し手は騎士ではなく、彼は悪党である。このパズルでは、正確な論理学者には間違ったことを証明する能力がないというのであるから、それゆえ、彼つまり論理学者は、この場合にうそつきの話し手が主張するように、この住民が騎士であることを証明することができない！ ゆえに、この話し手は悪党ではない。では代わりに、彼が騎士であると仮定しよう。このことは、「私が騎士であることをあなたは証明できない」という言明は真であることを意味する。なぜなら、私たちの話し手は今度は正直な人だから。しかしもしそれが真であるならば、この論理学者はまたもやこの住民が騎士であることを証明することができない——言明がそのように宣言している。ゆえに、たとえこの住民が騎士であっても、この論理学者はそれを証明することが決してできないということになる！

　ゲーデルの証明は、論理体系というものが「不完全」であることを、これを最後にきっぱりと示したのである。なぜならば、論理体系というものはそれ自身のなかに「決定不可能な」言明（「私自身は証明可能ではない」）を必ず含んでいるからである。その反響は今日に至るまで数学と哲学の全体を通して感じられる。もしかしたら自己言及性を排除するための最も適切な方法は単にそれを禁止することであるかもしれない。禁止の「手法」は、実は、数学者たちによって、0による割り算に関してすでに使用されているのである。その理由は、0による割り算が、次の証明が示すように、矛盾した結果をもたらすからである。

1. $a = b$ と仮定する。
2. この等式の両辺に a を掛けると、$a^2 = ab$ となる。
3. 両辺から b^2 を引くと、$a^2 - b^2 = ab - b^2$ となる。
4. 両辺を因数分解すると、$(a + b)(a - b) = b(a - b)$ となる。

5. 両辺を $(a-b)$ で割ると、$a+b=b$ となる。
6. (1) から $a=b$ なので、(5) は $b+b=b$ と書き直すことができる。
7. ゆえに、$2b=b$ となる。
8. 両辺を共通因数 b で割ると、$2=1$ が得られる。

したがって私たちは $2=1$ を証明した、ということになるのだろうか？

このような異常事態が起こった理由は、$a=b$ つまり $(a-b)=0$ と仮定して議論を進めたことである。

$$a=b$$

両辺から b を引くと、

$$(a-b)=(b-b)$$
$$(a-b)=0$$

要するに、等式 $(a+b)(a-b)=b(a-b)$ を $(a-b)$ で割ったとき、事実上、私たちはそれを0で割っていたのである。0で割ることを禁じている理由は、明らかに実用的なものである——日常生活できわめて有用だとわかっている計算法の体系を維持することのほうが、その体系内のひとつの数が問題をもち込むためにその体系を完全に放棄することよりもずっと有益だからである。数学的生活はゼロによる割り算なしでもやっていけるのである。それと同じように、論理的生活もまた自己言及的な言明がなくてもやっていけるはずである。

ジョン・バーワイズという数学者とジョン・エチメンディという哲学者の2人は1986年の共著『うそつき』のなかで、これによく似た「うそつきのパラドクス」の「実用的」見解を採用した。彼らの主張による

と、このパラドクスが発生するのは、単に私たちがそれが発生するのを許しているからにすぎないのだという。エピメニデスが「すべてのクレタ人はうそつきだ」と言うとき、彼は対話者を単に当惑させるためにそう言っているのかもしれない。彼の言明はただ口がすべっただけの結果かもしれない。事情はどうであれ、エピメニデスの意図は、それを言うエピメニデスの理由はもちろんのこと、それが発せられた文脈を評価することによってのみ決定されうるものである。いったんそのような要因が決定されると、パラドクスなど発生しないのである。

ついでに言えば、ゲーデルの基本的論証は、なぜ問題のなかには論理学のみでは解決することが不可能なものがあるのか、という疑問に光明を投ずるかもしれない。それらは私たちの論理学の体系内では事実上「決定不可能」なのかもしれない。私たちはすでに第5章の「4色問題」においてこのような問題のひとつに出会っている。もうひとつの例は「ゴルドバッハの予想」である。1742年に数学者クリスティアン・ゴルドバッハ（1690 – 1764）は、2以外のすべての偶数は2つの素数の和で表すことができると予想した。

$4 = 2 + 2$
$6 = 3 + 3$
$8 = 5 + 3$
$10 = 7 + 3$
$12 = 7 + 5$
$14 = 11 + 3$
$16 = 11 + 5$
$18 = 11 + 7$
…

ゴルドバッハの予想にいかなる例外も知られていないが、それの確か

な証明もいまだになされていないのである。ゴルドバッハはまた6以上のすべての数は3つの素数の和として書くことができると予想した。

$6 = 2 + 2 + 2$
$7 = 2 + 2 + 3$
$8 = 2 + 3 + 3$
$9 = 3 + 3 + 3$
$10 = 2 + 3 + 5$
$11 = 3 + 3 + 5$
…

　もしかしたら、この予想は私たちの論理学の体系のなかでは決定不可能である事柄のひとつなのかもしれない。実用的な観点からは、この予想に対する「説明」はどのみち不必要なのかもしれない。なぜなら、それが世界を大きく変えるとも思えないからである。しかし、どういうわけか、私たちは、さながら古代テーベのスフィンクスによって駆り立てられてでもいるかのように——いかなる犠牲を払ってでもして——証明を探し求め続けるのである！

極限

パラドクスは論理学の研究に大きな衝撃を与えてきただけでなく、多くの数学的概念を結晶化させてもきた。そうしたもののひとつは極限の概念である。極限とは、ある関数が近づいてゆく限界数または点のことである。そのもとをたどればゼノンの有名な走者のパラドクスにゆき当たる。このパラドクスによってゼノンは、もしも論理的論証を用いるならば、走者は決してゴールラインに到達することはできないはずだと論じた。彼は自分の論拠を次のように主張した。走者はまずゴールラインまでの「半分」の距離を走らなければならない。次に、中点から、走者は

新しいが同様の仕事に立ち向かうことになる——彼は彼自身とゴールラインとのあいだの「残りの距離の半分」を走破しなければならない。しかしこの新しい位置から走者は同様の仕事に立ち向かうことになる——彼はまたもや彼と彼自身とのあいだの「新しい残りの距離の半分」を走破しなければならないのだ。彼自身とゴールラインとのあいだに次々と現れる半分の距離はますます小さく（実際、無限小に）なってゆくはずなのだが、狡知にたけたゼノンは、走者はゴールラインにきわめて接近してゆくが決してそれを横切ることはないのだと結論した。走者が走破しなければならない次々と現れる距離は、各項がひとつまえの項の半分となる無限幾何数列 $\{1/2、1/4、1/8、1/16、…\}$ をつくる。この数列における項の和は決して1に、つまり走破すべき距離の全体に達することはない。

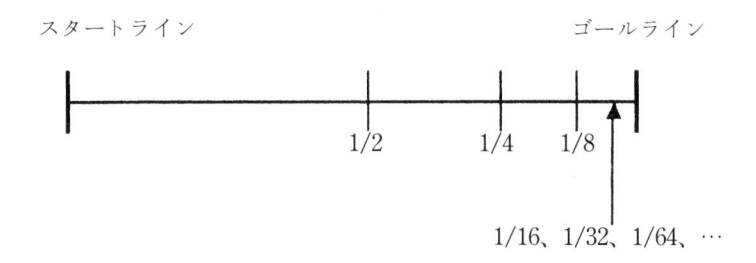

スタートライン　　　　　　　　　　　　　　　　　ゴールライン

　　　　　　　　　　　　1/2　　1/4　　1/8

　　　　　　　　　　　　　　　　　　　1/16、1/32、1/64、…

イギリスの科学者アイザック・ニュートン（1642-1727）と、ドイツの哲学者で数学者ゴットフリート・ヴィルヘルム・ライプニッツ（1646-1716）が、互いに独立に、ゼノンの走者のパラドクスに対する独創的でしかも著しく単純な解答を見つけたとき、おそらく彼らはこのパラドクスを熟慮していたに違いない。彼らは、数列 $\{1/2、1/4、1/8、1/16、…\}$ が無限に近づくときに収束してゆく先のその和はスタートラインとゴールラインとのあいだの距離である、と主張しただけであった。したがって、走者の運動の「極限」は実際に1の単位距離である。このよう

8：エピメニデスの「うそつきのパラドクス」　｜　211

な考え方は、変化率つまりある特定の点での曲線の傾きなどの概念や、曲線に囲まれた面積の計算などを扱う、微積分法（微積分学）として知られる新しい数学の一分野を確立する基礎となった。微積分法の歴史的ルーツを論ずることは本書の範囲外であるが、ここでは、微積分法は、世界についての哲学的、数学的な考え方を根本的に再考させることになったと言えば十分であろう。実際、微積分法は、初めてそれが提唱されたとき、哲学者や宗教的指導者たちによる辛辣な批判に遭遇したのである。たとえば、アイルランドの高位聖職者で哲学者のジョージ・バークリー (1685–1753) は微積分法を無用な科学であると非難した。それが小さな無意味な量を扱っているからだというのがその理由であった。しかし微積分法はそのような攻撃にたやすく耐えて生き延びた。その理由は、微積分法が、昔からある物理学の未解決の問題やゼノンのパラドクスに答えるための強力な概念的枠組みを提供したからである。

極限の考え方は、ニュートンやライプニッツよりもまえに知られていなかったわけではない。エジプトの筆写人アーメスが書き写したことから『アーメス・パピルス』とか、あるいは1853年にエジプトでの休暇中にそれを購入したスコットランドの法律家で古物研究家のA・ヘンリー・リンド (1833–63) の名をとって『リンド・パピルス』とか名づけられている古代エジプトの写本には、まさにこの考え方が見出される。それはπ（円周率、つまり円周と直径との比）の値を見積るのに用いられている。そのもとの写本はほぼ4000年前に書かれたものだが、それと同じ時期にエジプト数学のもうひとつの有名な文書『モスクワ・パピルス』（現在の保管場所からそうよばれる）が書かれた。このパピルス写本には84の実に興味深い数学の問題が含まれている。π（ピー、英語ではパイ）の値——ほぼ22/7、小数点以下5桁では3.14159——の見積りは、問題48に見出される。

辺の長さが9単位の正方形に内接する円の面積を求めよ。

9単位 9単位 →

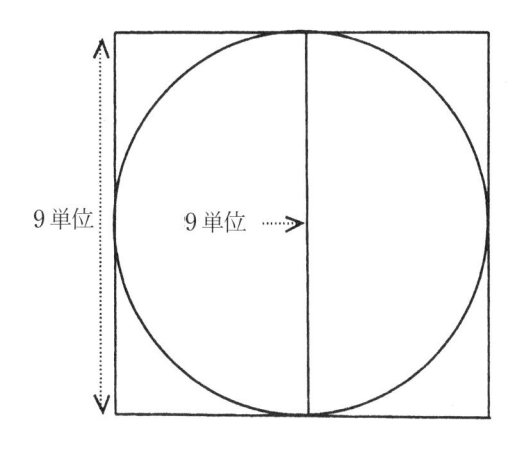

この円の直径もまた9単位であることに気づこう。才知あるアーメス（または『リンド・パピルス』の未知の本当の著者）は極限の手法を予示する方法によってこの問題を解いた。彼の問いの本質は「円を多角形に変えるにはどうするか？」ということであった。そこで彼がおこなったことは、下の図に示すように、まさに正方形の各辺を3等分し、その

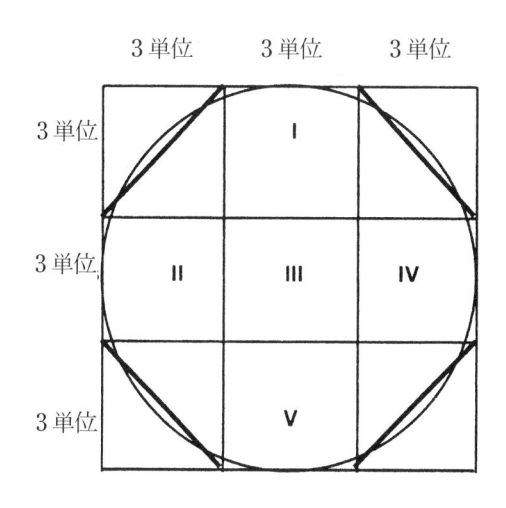

3単位　3単位　3単位

3単位　I

3単位　II　III　IV

3単位　V

8：エピメニデスの「うそつきのパラドクス」　213

なかに9つのより小さな正方形（おのおの3×3）をつくることであった。彼はまた、図のように、四隅の正方形に対角線を引いた。そのような修正を図形に加えることよってアーメスは8角形をつくり出し、この8角形の面積が実用的目的としては十分に円の面積に近いと考えた。

ところで、この8角形の面積は簡単に計算できる。この8角形は7つの小さい正方形（すべて等しい面積）からなっている——すなわち、内側の5つの正方形（I、II、III、IV、V）と、4つの隅の正方形の半分、つまり2つ分の正方形である。ひとつの小さい正方形の面積は、$3 \times 3 = 9$平方単位である。ゆえに、そのような7つの正方形の総面積は$9 \times 7 = 63$平方単位である。ちょっとした違いは大目に見ることによって、頭のよいアーメスは、8角形の面積、よって円の面積は64であると決定したのである。それから彼はπの値を次のように見積った。

円の面積：$\pi r^2 = 64$
直径：$2r = 9$
半径：$r = 9/2$
よって、$r^2 = (9/2)^2 = 20.25$

こうして、$\pi r^2 = 64$および$r^2 = 20.25$であるから、$20.25\pi = 64$となる。両辺を20.25で割ると、$\pi = 64/20.25$となる。これは$\pi = 3.16049\ldots$に相当する。

これに非常によく似た洞察が、それから1000年以上のちに偉大なギリシア（シチリア）の数学者アルキメデス（c. 287 – 212 B.C.）によって用いられた。アルキメデスは円に正多角形を内接させた。円周と多角形の全周との差は、多角形の辺の数を次第に増やしてゆくことによって、好きなだけ小さくすることができるはずだ、とアルキメデスは主張した。そのような増分手続きによる極限的な図形は円であり、ゆえに、「無限

辺」多角形の極限的な面積は円の面積であった。円の面積の正確な計算は誰にもできないが、欲するだけ正確にそれに近づくことは明らかに可能である、ということにアルキメデスは気がついたのである。したがって、このような近似から私たちはπの値を導き出すことができる。πが知られていない世界を考えることはもちろんできる。しかし、太陽や潮流のように、この世界にある円形の対象について私たちが現在知っているもののほうがはるかに基本的であると思われる。自然現象を記述する私たちの能力は基本的な概念の次元に還元されているに違いない。

関数

2つまたはそれ以上の変数のあいだの関係を示すために、「関数」という言葉が数学で使われる。

関数 $y = f(n)$（「y は n の関数である」と読む）に対して、$f(n) = 1/n$ であると仮定しよう。そうすると、$y = f(n) = 1/n$ となる。

ところで、私たちは n に対する値を指定するだけで、y に対する値を決定することができる。

例：
$n = 2$ のとき、
$y = f(n) = 1/n = 1/2$
$n = 3$ のとき、
$y = f(n) = 1/n = 1/3$
$n = 1,000,000$ のとき、
$y = f(n) = 1/n = 1/1,000,000$

y の値は n の値につき従っているので、y を従属変数、n を独立変数とよぶ。

アルキメデスの内接多角形の計算値が収束してゆく先のπの値は、極限の完全な例である。多角形の辺の数を無限に増やしてゆくことによって、私たちはπ = 3.14159...の極限値にどんどん近づいてゆくことができる。

極限値は、関数がふるまう方向を示している。次の公式は、n がどんどん大きくなるにつれて、関数 $(1/n)$ の極限が0に近づくことを記号で表している。

$$\lim_{n \to \infty}(1/n) = 0$$

この公式は、「n が無限に近づくとき $(n \to \infty)$ ——すなわち、いくらでも大きくなるとき——関数 $(1/n)$ の極限値は0である」というように読む。

微積分法とは、要するに、変化する出来事（速度、運動、など）の測度として極限値を計算する方法である。石が崖から落ちて2秒後にはどれくらいの速さになるか？　時間とともにその速度はどう変わるか？　微積分法とは、刻々と変化する速度を計算で出すことによって、何かある量を見出そうとすることである。

省察

「うそつきのパラドクス」は、それが数学の発展にとって根本的な含意をもち続けていたにもかかわらず、日常生活における論理学の使用を究極的に無効にすることはない。私たちの3次元世界では、たとえば、もし建物Aが建物Bよりも高く、建物Cが建物Aよりも高いということが事実ならば、建物Cは建物Bよりも高いと何の疑いもなく私たちは結論できる。それにもかかわらず、「うそつきのパラドクス」は、論理

学が知識への唯一の道であると信じ込まないように私たちに警告し続けているのである。おそらく勘（直感）や経験というものが物事の意味をつかむうえでそれと同じくらい、それ以上でないにしても、重要であると思われる。

ちなみに、まさにその「論理学（ロジック）」の概念は、その起源が数学の世界になく、もっと神秘的な領域に始まったものであることに留意する必要がある。ギリシアの哲学者ヘラクレイトスが、世界は、ロゴス、つまり自然の流転のなかに秩序をつくる神の力によって支配されている、と主張したのは紀元前6世紀のことであった。まもなく、ロゴスは宇宙を支配する理性的な神の力と見なされるようになった。理性の力を通じて、すべての人間はそれを分かちもっているのだと考えられた。ヨハネ福音書でさえ、ロゴス（神の言葉）を神的な力と同一視し、「初めに言葉ありき。そして言葉は神とともにあり、言葉は神なりき」と述べている。ロゴスが物事を推論して考える人間の知性の力と見られるようになったのは、ずっとのちのことである。

探求問題

論理
以下のパズルは読者が論理的思考を直接に探求できるように工夫してある。すべて古典的な論理パズルとパラドクスからのバージョンである。

60. 紙片に「この文は間違っている」と書いてある。この文は本当か？

61. 1枚の金貨が3つの箱のどれかのなかにある。これらの箱には次のような銘文が刻まれている。

A	B	C
金貨はここにある	金貨はここにない	金貨はAにはない

もしこれらの銘文の「たかだか」ひとつが真であるならば、金貨はどこにあると言えるか？

62. ある宝石箱に次の銘文が刻んである。

> この箱は真実を述べる人がつくったものではない

この箱をつくったのは、真実を述べる人か、うそつきか？

63. $x+y=y$ と仮定しよう。ここで、次のように、x と y にいくつかの値を割り当てるとしよう。

もし $x=0$ で、$y=1$ ならば、
$x+y=y$
$0+1=1$ となり、これはもちろん正しい。

もし $x=1$ で、$y=2$ ならば、
$x+y=y$
$1+2=2$ となり、これは正しくない。

どうしてそうなのか？

64. 次の文は真か？ 「この文は15個の文字をもつ」 その否定版はどうなるか？ それは真か？

65. 1人の男が1枚の写真を見ながら言った。「私には兄弟も姉妹も誰一人いないが、この男の息子は私の父の息子だ」 写真のなかの人は誰か？

66. ミルウォーキーのとある本屋で、最初の客が3ドルの本を買おう

と10ドル札1枚を店員に渡した。その店員はお釣りがなかったので、その10ドル札を通りの反対側にあるレコード店へもってゆき1ドル札10枚にこわしてきた。それからこの店員は客に、定価3ドルの本と、お釣りとして1ドル札7枚を渡した。

　1時間後、レコード屋の店員は、この10ドル札は偽札だと言ってそれを返し、彼女のお金を返してくれるように要求した。喧嘩にならないように、本屋の店員は本物の1ドル札10枚を返し、偽札をとりもどすことに決めた。このことは、本屋の店員が3ドル（本代）プラス10ドル（レコード屋に返した）を損したことを意味する。合計で彼は13ドル損した。しかし取引全体では10ドルしか使われなかったのだ！　これをどう説明するか？

67. 3人の女は、彼らが目隠しされるまえに、各人の額（ひたい）に赤か青かの十字のしるしが塗られるであろうと告げられる。おのおのは、目隠しが外されたとき、もし赤い十字が見えたならばそのときだけ手を上げ、そして自分の十字の色がわかったときには手を下ろすことになっている。さて、次のことが実際に起こるものとしよう。3人の女は目隠しされ、各人の額に赤い十字が塗られる。目隠しが外される。お互いを見つめたあと、3人は一斉に手を上げる。しばらくして、1人が手を下ろして「私のしるしは赤い」と言う。彼女にどうしてそれがわかったのか？

68. 3人の女が休日にフロリダのリゾートにゆくことに決める。彼女たちが相部屋で泊まるホテルの部屋は、販売促進のために1920年代の料金が適用されている。彼女たちは1人10ドル、つまり合計30ドルを請求される。マネジャーは宿泊者リストに目を通したあと、自分が間違って3人の客に過大な代金を請求したことを発見する。3人がいる部屋の料金は25ドルでいいのだ。そこで彼は3人に返そうとボーイに5ドルを渡す。二心あるボーイは5ドルを3等分できないことを知っていて、各人に1ドルだけを返して残りの2ドルを着服する。

さて、問題はこうである。おのおのは最初10ドルを払い、1ドルがもどってきた。ゆえに、実際には、おのおのは部屋代として9ドル払ったわけだ。したがって、3人では9ドル×3、つまり合計27ドルを払ったことになる。もしこの金額にボーイが不正に着服した2ドルを加えると、合計29ドルになる。だが、彼女たちが最初に払ったのは30ドルだった！　あとの1ドルはどこへいったのか？

極限

69. フィボナッチ数における次々の項のペアの比をとろう。この比が近づく値を極限の表し方で書け。

$\{1、1、2、3、5、8、13、21、34、55、89、144、233、377、610、987、\ldots\}$

70. 2つの長さの等しい直線を互いに2等分するように交わらせて引く。そうしてできた等しい線分を r とする。

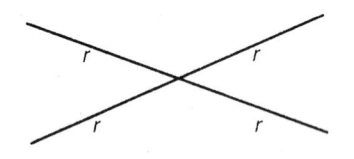

この図にもとの2つの直線と等しい長さの直線を、交点を通るように加え続ける。ただし、おのおのの直線は長さ r の2つの部分に2等分されるように引く。

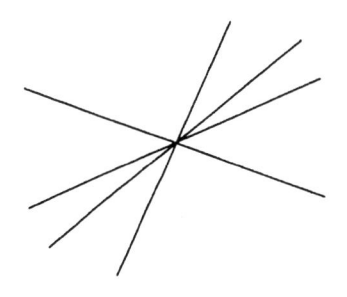

このやり方を無限に続けるとどんな図形に近づくか？　また、それを証明できるか？

9
洛書の魔方陣

ピタゴラス学派よりまえに、数学的関係が宇宙の秘密を握っていると考えた者は誰もいなかった。2500年後のいまもなお、ヨーロッパは彼らの遺産の恵みを受けていると同時に、それに苦しめられてもいるのだ。

アーサー・ケストラー (1905 – 83)

最初の9つの整数を正方形に配列し、各行、各列、各対角線における数の和が同じになるものを中国では「洛書」とよんでいる。この「魔法の」あるいは魔術的なパターンは4000年前に発見された。中国人は、それに神秘的な性質がそなわっているとつねに考えてきた。今日でも、彼らはそれを住まいや部屋の入口のうえにおいておくと邪悪の目から身を護ってくれると考えている。どの易者もみなそれを用いて運勢を占っている。お守りや魔除けの中身にはふつう洛書をデザインしたものが使われている。

「洛書」は、英語でマジックスクエア（魔法の正方形）すなわち「魔方陣」として知られている。洛書は西暦2世紀に中国から世界の他の地域に広がり、1300年ごろ、ビザンチン期の学者マヌエル・モスコプロスによってヨーロッパにもち込まれた。その後まもなく、さまざまな種類の魔方陣を考案することが大流行となった。中国人と同様に、ヨーロッパの中世の占星術師たちはそれらに神秘的な性質があると考えて、それらを星占いに使用した。彼らもまた、暗号化された宇宙のメッセージがそれらに隠されていると考えたのである。たとえば、高名な占星術師であったコルネリウス・アグリッパ (1486 – 1535) は、ただひとつの升目からなる魔方陣（数字1を含む正方形）が神の永遠の完全さを表しているものと信じた。アグリッパはまた、2×2の魔方陣がつくれないという事実を、4つの元素、すなわち空気、土、火、水の不完全さの証拠であると見なした。

しかし、「洛書」の重要性は、神秘主義者の領域だけに認められてい

るわけではない。魔方陣（単に方陣ともいう）は、数の本性の理解に多くの洞察を提供する。アルゴリズムの考え方はこの点に関してとくに重要なものとして突出している。アルゴリズムとは、ある特定の問題あるいは一組の問題の解法を「規則化する」ことに照準を定めた手法である。したがって、このような数学的方法の領域に重要性があることから、最初の魔方陣である「洛書」が古今10大パズルに入ることは確実である。

パズル

「洛書」の物語のひとつのバージョンは、おおよそ以下のとおりである。昔、中国で大洪水があったとき、人々は洛水の神の怒りを静めようと犠牲を供えた。しかし、そのたびに、ひとつのことが起こっただけであった。一匹の亀が川からはい出てきて無頓着な様子で犠牲のまわりを歩いたのである。人々は亀を河の神からのお告げと見ていたので、河の神が彼らの供えた犠牲を拒否し続けているのだと考えた。ある日1人の子供がその亀の甲にある4角形に気がついた。その4角形のなかには最初の9つの数字が縦と横に3つずつ並んでいた。その子供は、これらの縦、横、そして斜めのそれぞれ3つの数を足すとすべて合計が15になることにも気がついた。こうして人々は河の神をなだめるのに必要な犠牲の数をようやく悟ったというのである。

　洛書の物語の別のバージョンは以下のようである。夏の禹王が洛水の土手を歩いていたとき、一匹の不可思議な亀が川から上がってきた。その甲羅には最初の9つの整数が正方形に配置されていた。禹王はまた、縦、横、斜めのどの3つの数を足してもすべて15になることに気がつき、この正方形の数の配列を神々からのお告げのしるしであることを見てとったという。

　事の真相は何であれ、最初の洛書は、最初の9個の整数 {1、2、3、4、5、6、7、8、9} からなり、3つの縦列、3つの横行、2つの斜め方向

（対角線）における数の和が合計15になるようにそれらが分布している正方形であった。これは魔方陣定数（マジック定数、定和ともいう）として知られる。ここに、象形文字の数字（直線、黒丸、白丸）を用いた原型の洛書を示す。

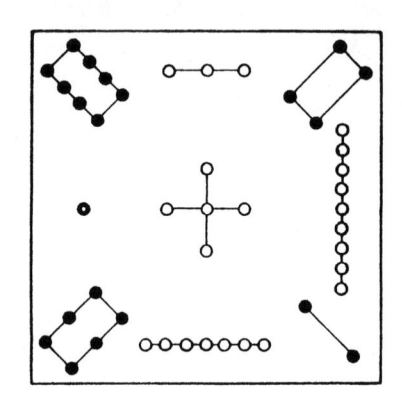

8	3	4
1	5	9
6	7	2

これを10進法で表すと、以下のようになる。

行（横の並び）　　　列（縦の並び）　　　対角線の並び
8 + 3 + 4 = 15　　　8 + 1 + 6 = 15　　　8 + 5 + 2 = 15
1 + 5 + 9 = 15　　　3 + 5 + 7 = 15　　　4 + 5 + 6 = 15
6 + 7 + 2 = 15　　　4 + 9 + 2 = 15

洛書は、より具体的には「3次」の魔方陣として知られているもので

ある。これは、3×3正方形における升目の数を示す用語である。4×4正方形は「4次」の魔方陣、5×5正方形は「5次」の魔方陣、とよばれる。一般に、$n \times n$（$= n^2$）正方形は「n次」の魔方陣とよばれる。

洛書の数字は、15の魔方陣定数をつくるように、いくつかの並べ方が可能である。次の2つはそのような配列である。

4	9	2
3	5	7
8	1	6

8	1	6
3	5	7
4	9	2

魔方陣を構築するには何かよい方法があるのか？ あるいは、単に試行錯誤の問題なのか？ 何よりもまず、もし魔方陣定数がいくつかを決定する一般公式があれば、大いに助かるに違いない。魔方陣は、正方形パターンに並べられた順次の整数の数列から構成されている。したがって、この数列における最後の整数はn^2であり、これから正方形の次数がわかる。たとえば、洛書は1から9までの連続する整数 $\{1、2、3、4、5、6、7、8、9\}$ からなる。最後の数は9つまり3^2であり、これから3×3または「3次」の魔方陣とよばれる。同じようにして、「4次」の魔方陣では最後の数は4^2（$=16$）、「5次」の魔方陣では最後の数は5^2（$=25$）である。ゆえに、「n次」の魔方陣では最後の数はn^2である。私たちの総和の手法（第3章）を用いるならば、あるひとつの魔方陣における数の和を求めるための適切な公式を立てることができる。

n個の数の和、$S_{(n)}: \dfrac{n(n+1)}{2}$

↓

9：洛書の魔方陣

魔方陣における n^2 個の数の和、$S_{(n^2)}$: $\dfrac{n^2(n^2+1)}{2}$

いま上でおこなったことは、要するに、一般公式における n を n^2 でおき替えたことである。

$n^2(n^2+1)$

(n^2+1) に n^2 を掛けると、結果は (n^4+n^2) である。すなわち、

$n^2(n^2+1) = (n^4+n^2)$

この掛け算がどのように実行されたかを段階を追って示すと、

1. n^2 を (n^2+1) の最初の項 n^2 に掛ける。その結果は $n^2 \times n^2 = n^4$ である。
2. 次に、n^2 を (n^2+1) の2番目の項 1 に掛ける。その結果は $n^2 \times 1 = n^2$ である。
3. 二つの結果を加えると、合計は n^4+n^2 となる。

この公式を簡単にしよう。(高校数学を忘れた人は囲みの説明を見よう)

$$\dfrac{n^2(n^2+1)}{2} = \dfrac{(n^4+n^2)}{2}$$

次にこれを、$n=3$ である「洛書」に当てはめてみよう。

$$\dfrac{(n^4+n^2)}{2} = \dfrac{(3^4+3^2)}{2} = \dfrac{90}{2} = 45$$

これが3×3正方形における整数の和である。この和45を3で割れば、魔方陣定数が得られる（$45 \div 3 = 15$）。一般に、$n \times n$ 正方形における数の和をnで割れば、魔方陣定数が得られるのである。

魔方陣における数の和：$\dfrac{n^2(n^2+1)}{2}$

これをnで割ると、$\dfrac{n^2(n^2+1)}{2n}$

これを約分すると、

$$\frac{n^2(n^2+1)}{2n} = \frac{\cancel{n} \times n(n^2+1)}{2\cancel{n}} = \frac{n(n^2+1)}{2}$$

これが魔方陣定数の公式の一般形である。さっそく洛書の場合にこの式が成り立つかどうか見てみよう。これに$n=3$を代入すると、

$$\frac{n(n^2+1)}{2} = \frac{3(3^2+1)}{2} = \frac{3(10)}{2} = \frac{30}{2} = 15$$

これからわかるように、上述の公式から実際の魔方陣定数が得られている。魔方陣の組立て手順を容易にするものはこのほかに何かあるだろうか？　洛書をもう一度調べてみよう。これは「奇数次」の正方形——奇数個の整数でつくられた正方形——であることに注意しよう。すべての奇数次の正方形にはまんなかの升目がある。しかもその升目を埋める数は、その正方形において、いくつの行と列と対角線の上にそれが現れる

9：洛書の魔方陣　229

かを計算することによって決定できるのである。洛書の場合には、その升目は、ひとつの行、ひとつの列、そして2つの対角線（合計4つ）の上に現れる。

ところで、（最初の9つの整数からなり）合計して15になる数の3つ組は8組がありうる。これらはこの正方形の行、列、対角線である。

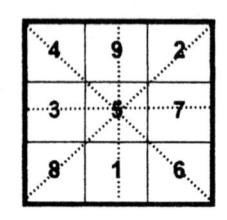

$9 + 5 + 1 = 15$
$9 + 4 + 2 = 15$
$8 + 6 + 1 = 15$
$8 + 5 + 2 = 15$
$8 + 4 + 3 = 15$
$7 + 6 + 2 = 15$
$7 + 5 + 3 = 15$
$6 + 5 + 4 = 15$

私たちはいま、まんなかの数字が4組のそのような3つ組に出現することを確認したのである。上のリストでまんなかに4回現れる唯一の数は5である。すなわち、

$9 + 5 + 1 = 15$
$8 + 5 + 2 = 15$
$7 + 5 + 3 = 15$

$6 + 5 + 4 = 15$

このようにして、私たちはまんなかの数を確認した。同じような推理の筋道をより大きな奇数次の魔方陣に適用することができる。

数学的注釈

正方形（魔方陣）は最も古くて最もありふれたマジック図形であるけれども、これまでにいろいろな形のマジック図形が考案されている。たとえば、マジックキューブ（「魔法の立方陣」と言うべきか）は、立方体の形に配列された数で組み立てられていて、どの辺とも平行に走る数の並びも、また4つの空間対角線に沿った数の並びもみな同じマジック定数をもっている。以下のマジックキューブでは、読者が自身で確かめられるように、マジック定数は42である〔ただし、6つの大きな正方形の面に関し

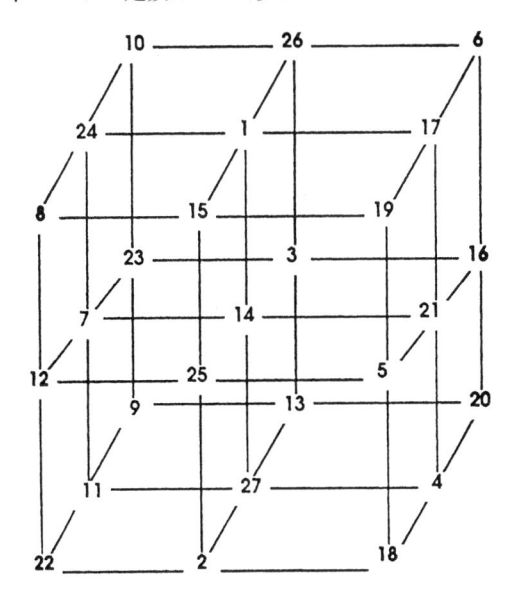

ては、対角線に沿ってマジック定数は成立しない]。

マジック図形はそれ自体でも数のパターンに世間の注目を集めたが、それはそれで「純粋な」数学的思考の対象である。

アルブレヒト・デューラー (1471 – 1528)

デューラーはドイツのニュルンベルクに生まれた。彼の芸術と著作は16世紀の芸術家たちに深い影響を及ぼした。彼がとりわけ有名なのは、さまざまな明暗や色調の使用を彼の絵画のなかに織り込んで3次元的な形の錯視をつくり出したことである。このため、彼は遠近画法の創設者の一人と考えられている。

「魔法」の数のパターン

ほかにどんな魔方陣があるかを知るために、古今の最も有名なもののひとつ——デューラーの魔方陣——を見てみよう。デューラーの魔方陣は、その作成者であるドイツ-ルネサンスの偉大な画家アルブレヒト・デューラーの名をとって命名されたものである。この魔方陣は非常に多くの数学者の注意を引いたので、彼らの名前を列挙するだけでも数ページを要するほどである。デューラーは彼の有名な1514年の版画『メランコリア』のなかにこの方陣を書き込んだ。それからほとんど2世紀後に、スイスの数学者レオンハルト・オイラー（第4章）がそれに深く魅惑されるようになり、彼自身がこの魔方陣のバージョンを48手も作成した。デューラーの魔方陣は、最初の16個の数からなる「4次」の正方形である。その魔方陣定数は34である。

まえに示したように、魔方陣定数の公式は、

$$\frac{n(n^2+1)}{2}$$

ここで、$n = 4$ であるから、

$$\frac{n(n^2+1)}{2} = \frac{4(4^2+1)}{2} = \frac{4(16+1)}{2} = \frac{4(17)}{2} = 34$$

16	3	2	13
5	10	11	8
9	6	7	12
4	15	14	1

この魔方陣は多くの「魔法」の性質をもっている。たとえば、魔方陣定数 34 は、縦と横と対角線に現れるほかに、次のようなところにも現れるのである。

▼ 4つの隅の数の和（16 + 13 + 4 + 1 = 34）
▼ 中央にある4つの数の和（10 + 11 + 6 + 7 = 34）
▼ 最下行の中央の2つの数と最上行の中央の2つの数との和（15 + 14 + 3 + 2 = 34）
▼ 右側列の中央の2つの数と左側列の中央の2つの数との和（12 + 8 + 9 + 5 = 34）
▼ 4つの隅のおのおのにある4つ組の数の和（16 + 3 + 5 + 10 = 34、2 + 13 + 11 + 8 = 34、9 + 6 + 4 + 15 = 34、7 + 12 + 14 + 1 = 34）

この魔方陣はこのほかにも多くの興味深いパターンを含んでいる。こ

れらを議論するにはそれだけを扱った一編の学術論文が必要になるだろう。デューラーの魔方陣が最初に考案された4次の正方形だというわけではない。考古学者たちは、インドのカジュラホで発見された12世紀の碑文に、次のような魔方陣を見つけている。

7	12	1	14
2	13	8	11
16	3	10	5
9	6	15	4

これは「悪魔」の魔方陣として知られている。なぜなら、たとえ一番上（下）の行を一番下（上）へ移しても、また一番左（右）の列を一番右（左）に移しても、その「魔法」の性質を維持し続けるからである。ちなみに、4次の魔方陣には驚くべきことに880とおりのつくり方がある。

5次の魔方陣（魔方陣定数は65）はさらに多くの配列が可能である——驚くなかれ275,305,224とおり！　ここに示すのはそのひとつである。

17	24	1	8	15
23	5	7	14	16
4	6	13	20	22
10	12	19	21	3
11	18	25	2	9

おそらくすべての魔方陣のなかで最も奇抜なものは、アメリカの偉大な公務員、作家、科学者、そして印刷業者であったベンジャミン・フランクリン (1706-90) が考案した8次の魔方陣であるに違いない。

52	61	4	13	20	29	36	45
14	3	62	51	46	35	30	19
53	60	5	12	21	28	37	44
11	6	59	54	43	38	27	22
55	58	7	10	23	26	39	42
9	8	57	56	41	40	25	24
50	63	2	15	18	31	34	47
16	1	64	49	48	33	32	17

フランクリンの魔方陣は最初の64個の整数からつくられている。この魔方陣には、数に関する驚くべき奇妙な性質がたくさん含まれている。

▼　その魔方陣定数は260である。この数のちょうど半分の130は、大きな8×8正方形の4半分である4つの象限（4×4正方形）のおのおのの魔方陣定数である。

▼　中心から等距離にあるどの4つの数をとってもその和は130である。

▼　4つの隅の数の和は130である。

▼　どの小さな2×2正方形でも、それを構成している4つの数の和は130である。

▼　まだまだ多くの奇妙な点がある。

　フランクリンは一体どのようにしてこのような傑作を考案することができたのか、まったく不思議としか言いようがない。ちなみに、レオンハルト・オイラーもまた彼自身の実に魅力的な8次の魔方陣を考案し

た。そのなかの4つの象限（4半分）正方形の魔方陣定数は、フランクリンの魔方陣と同じ130である。しかし、オイラーの魔方陣のユニークな性質は、もしあなたがチェスのナイト（チェス盤上をL字形に動く駒）を手にしてこの方陣の左上隅の1から出発したならば、1から64までの数をただ1度だけ通ってすべての数をたどることができることである！

1	48	31	50	33	16	63	18
30	51	46	3	62	19	14	35
47	2	49	32	15	34	17	64
52	29	4	45	20	61	36	13
5	44	25	56	9	40	21	60
28	53	8	41	24	57	12	37
43	6	55	26	39	10	59	22
54	27	42	7	58	23	38	11

アルゴリズム

魔方陣の研究は、アルゴリズムの概念の発展に大きな影響を及ぼしてきた。アルゴリズムとは、ある特定の問題を解くためのステップ・バイ・ステップの（段階的な）方法であると定義される。魔方陣をつくる過程はおおむね試行錯誤の問題である。しかしながら、場合によっては、そのためのアルゴリズムを導き出すことが可能なことがある。少なくとも、それを使って魔方陣がつくり出されるか否かを試してみるだけの価値はあるだろう。

アルゴリズム

アルゴリズムとは、ある問題を解くための、一連のステップ（段階）からなる体系的な技法である。

靴と靴下をはくためのアルゴリズムは次のようである。
1．どんな順序でもよいから、おのおのの足に靴下をはく。
2．1足の靴を対称的に、すなわち左の靴は左足に、右の靴は右足にはく。
3．ステップ1とステップ2を逆にすることはできない。

　4次の魔方陣に対するアルゴリズムはこうである。まず、2つの対角線を引く。

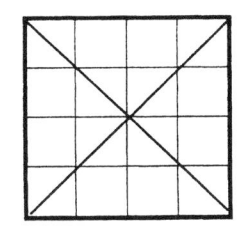

　次に、数を順番に書き入れてゆく。その際、対角線の通る升目はそのまま空白に残して、あたかも連続的であるかのように書き込んでゆく。まず、左上隅の1から出発する。ここは対角線が通っているので空白に残す。次にひとつ右へ進む。ここには対角線が通っていないから2と書き込む。3番目の升目にも対角線がきていないので3と書き込む。4番目の升目は対角線が通っているので空白にしておく。このようにして右下隅の最後の升目まで進んでゆく。

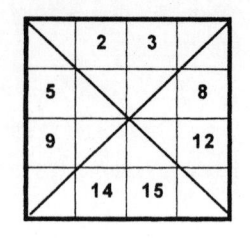

さて今度は、右下隅から始める。今度は、左に向かって進むが、対角線で切られた升目にだけ数字を書き込んでゆく。右下隅に1を入れることから始める。次の2つは埋まっている（2と3に当たるが）。左下隅に達すると4という数を入れる。このように順々に上がってゆく。

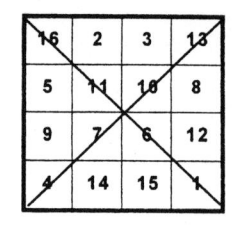

これと同じアルゴリズムを用いて8次の魔方陣をつくることができる。そのような魔方陣をつくる問題は、《探求問題》のために残しておこう。

奇数次の魔方陣をつくるためのアルゴリズムは1693年に数学者シモン・ドゥ・ラ・ルベール（1642－1729）が考え出したことになっている。おそらく彼はアジアを旅行中にそれを学んだのであろう。彼のアルゴリズムを用いて5次の魔方陣をつくってみよう。5次の魔方陣は最初の25個の整数からなる正方形であり、その魔方陣定数は65である。

1．最上部の中央の升目に1をおく。

2．斜め右上に進み、架空の升目に（実の正方形の外に）次の数2をおく。この2は正方形の外にあるため、それを同じ縦列の最下部にもってくる。

3．次の数3を、2の斜め右上におく。

4．同じく斜め右上へ移動し、3の斜め右上の架空の升目に4をおき、続いてその行の反対側端の升目に4を入れる。

			2	
		1		
4	←	←	←	←	4
				3
			2	

5．4の斜め右上に5を入れる。

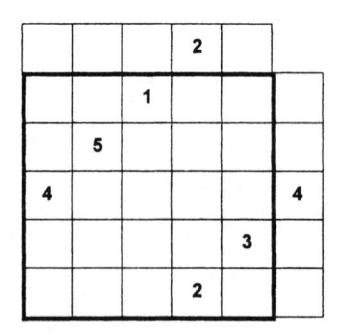

			2	
		1		
	5			
4					4
				3
			2	

6．次の6を入れるのに同じ移動パターンは使えない。なぜなら、5の斜め右上の升目はすでにふさがっているから。そこで6を5の下に書く。

			2	
		1		
	5			
4	6			4
			3	
		2		

7．このようにして進めてゆくと正方形が完成する（ここは読者自身でやるようお勧めする）。

	18	25	2	9	
17	24	1	8	15	17
23	5	7	14	16	23
4	6	13	20	22	4
10	12	19	21	3	10
11	18	25	2	9	

ところで、私たちはどの升目に1をおくことによっても始めることができる。しかしながら、これからできる正方形は行と列だけがマジックになる——対角線はならない——のである。

省察

実用的な使い道はないかもしれないが、魔方陣はそれ自体として十分に

興味深いものである。それらは「純粋」に数のパターンについて考えるように私たちを駆りたてるからである。それらがいつか、フィボナッチ数のように、自然界や人間の諸事のなかに突然現れるのを私たちが目にしないと誰が言えるだろうか？

魔方陣は、数学と魔術の初期の歴史がかなり重なっているのはなぜかということについての手がかりを与えてくれる。その起源において、両者は同じものを探し求めていたのである——つまり、隠されたパターンである。古代には、「命数法」と「数秘術」のあいだに区別はなかった（命数法とは数の数え方であり、数秘術とは数字で運勢を占うための学問である）。数秘術は、数は宇宙の言葉であると教えたピタゴラス学派から始まった（第2章で述べたように）。古代のユダヤ人たちも同じような信仰をもっていた。彼らは、どんな言葉または名前の文字も数字として解釈され、秘密のお告げを含んだ数を形づくるように再配列されるはずだという見解をもとにしてゲマトリアの技術を確立した。実際に、ゲマトリアを使用した最も古い記録は、紀元前8世紀のバビロン王サルゴン2世によるものである。彼はホルスバドの都市の城壁を正確に16,283キュービットの長さにつくったが、これは彼の名前の数秘術的な値であったからである［キュービットは長さの単位でほぼ0.5 mに相当する］。

結局のところ、洛書の魔方陣にも隠された性質があり、このことが洛書にも数秘術的な香気をもたせることになるのである。たとえば、もし、3で始まって144で終わるフィボナッチ数列｛3、5、8、13、21、34、55、89、144｝の各項を、洛書における整数に順番に対応させるならば、別の新しい魔方陣がつくられる。それを以下に示す。

8	1	6
3	5	7
4	9	2

→

89	3	34
8	21	55
13	144	5

もとの魔方陣の数	フィボナッチ数でおき替えられた数
1	3
2	5
3	8
4	13
5	21
6	34
7	55
8	89
9	144

　この新しい魔方陣には、3つの行の積の合計が3つの列の積の合計に等しいという性質がある。

行（横の並び）の積	列（縦の並び）の積
$89 \times 3 \times 34 = 9{,}078$	$89 \times 8 \times 13 = 9{,}256$
$8 \times 21 \times 55 = 9{,}240$	$3 \times 21 \times 144 = 9{,}072$
$13 \times 144 \times 5 = 9{,}360$	$34 \times 55 \times 5 = 9{,}350$
合計　　　　27,678	合計　　　　27,678

この仰天すべき結果の意味が何であろうと、これこそが、すでに知られているどんなことよりも神秘的な力を洛書に吹き込んでいるものである。ついでに言うと、数秘術が擬似科学の地位に落とされたのは、ようやくルネサンスのあとになってからであった。逆説的に言えば、ルネサンスは、初めのうちは古代の秘術（占星術、錬金術など）とその数学的探究における関心を奨励していた。しかしながら、ローマカトリック教会と新興プロテスタンティズムは、15世紀から16世紀にかけてそれに鋭く反対した。その結果として、数学はもはや、古代世界におけるよう

に神秘主義的な記号体系(シンボリズム)の袈裟(けさ)で包み隠されることはなくなったのである。

しかし、魔術、記号体系、数学のあいだのつながりは実際には断ち切られてはいない。数学的パターンは相変わらずに私たちに「魔法」をかけ続けている。世界中どこでも、また時代を問わず、特別な数に帰された多くの意味について分厚い書物が書かれるであろう。人々は日付や、街路の番地や、あるいは特定番号といった、何かある特定の事柄について考えたがる傾向がある。人間には、世界そのものがさまざまなパターンに配列された小さな数からなるひとつの魔術的パターンである、という基本的なピタゴラス的考えがあるように思われるのである。

探求問題

魔方陣

71. 最初の9つの偶数 {2、4、6、8、10、12、14、16、18} を3次の魔方陣に並べよ。その魔方陣定数はいくつか？

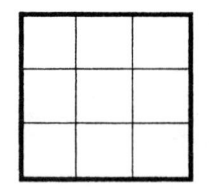

72. 9つの連続する数 {4、5、6、7、8、9、10、11、12} を3次の魔方陣に並べよ。その魔方陣定数はいくつか？

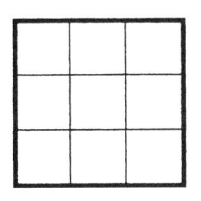

73. 以下の9つの引き続く小数 {0.25、0.50、0.75、1.00、1.25、1.50、1.75、2.00、2.25} を3次の魔方陣に並べよ。この魔方陣定数は3.75で、中央の升目は1.25である。

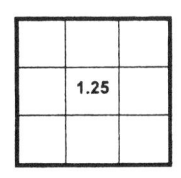

74. この難物は他ならぬイギリスの偉大なパズリスト、ヘンリー・E・デュードニーの作である。9つの素数 {1、7、13、31、37、43、61、67、73} を3次の魔方陣に配列せよ。この魔方陣定数は111である。

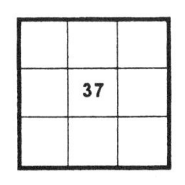

75. 次のパズルは偉大なパズリスト、ルイス・キャロルの作である。彼は当時の郵便料金を用いてパズル狂たちに挑戦した。ヴィクトリア時代には郵便料金は半単位で表されていた。郵便切手の値段 {1d、1½d、2d、2½d、3d、3½d、4d、4½d、5d} を3次の魔方陣に並べ

よ。(ただし、dはペニーの略)。その魔方陣定数は何ペニーか？

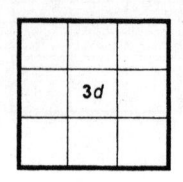

	3d	

76. さて、腕試しに、魔方陣定数102をもつ4次の魔方陣をつくってみよう。これは難しいパズルである。もしどうしてもわからなければ無視してよい。助け舟を出すつもりで、いくつかの升目を埋めておいた。さらに、最小の数が1で、最大の数が71であること、またすべての数（1を除く）が素数であることをとくに教えておこう。

	71		23
53	11		
29			47

アルゴリズム

77. 本章で述べた4次の魔方陣に対するアルゴリズムを用いて、8次の魔方陣をつくってみよう。

78. 本章で論じた考え方を用いて、3次の魔方陣に対するアルゴリズムを導き出してみよう。

10

クレタの迷宮

　このごろ私たちが目撃するのは、無数の人間が
没頭すべきものもなくみずからの迷宮のなかで道に
迷ってさまよい歩いている、恐るべき光景である。
　　　ホセ・オルテガ-イ-ガセット（1883 − 1955）

もし私たちがエジプトのギゼーにあるピラミッドのような、古代のピラミッドの埋葬室に入ってゆくならば、その内部にからみ合う複雑な通路の仕組みに圧倒されずにはいられないだろう。疑いもなく、そのような墓所の構造は、死者の魂が来世への「唯一真正の道」を自力で見出すことを目的につくられた。そのように設計された建物はラビュリントス（迷宮）とよばれた。神秘主義はすでにすたれているが、それでも、今日に至るまで、迷宮の概念は相変わらずいろいろな種類の挑戦的な事柄に用いられている。この概念は、英語では「メイズ」（迷路）として知られる。たとえば、心理学者たちは、動物や人間の問題解決の能力を評価するのに迷路を使う。また、玩具の迷路は、子供たちに与えられるゲームのなかで最も人気の高いものである。その主な理由は、迷路が論理的な技能を鋭くすると考えられると同時に、娯楽を提供するからである。

　最初の迷宮として知られているのは、クレタ島に建造された牢獄である。伝説によると、この牢獄は、クレタの王ミノスが、「建築パズル」としてアテナイの名工ダイダロスに建設させたものだという。ミノスがこの土牢をつくったのは、息子アンドロゲオスが無名のアテナイ人の集団によって殺されたことに対する復讐のためであった。彼の苦悩に加えて、彼の妻のパシパエが牡牛とのあいだに半人半牛の獣ミノタウロスを生んだ。この出来事に恥じ入り、アテナイ人たちにも復讐したかったミノスは、毎年アテナイ人の男と女を各7人ずつその牢獄に送った。牢獄の中心には彼が幽閉した大食漢のミノタウロスがいて、危険を冒してそ

こへやってくる者を誰であれ食べようとしていた。アテナイの王アイゲウスの子テセウスは、犠牲にされる人たちの一人としてその迷宮にゆくことを申し出た。皮肉にも、ミノスの利口な娘アリアドネはテセウスと恋仲になっていた。そこで彼女は自分の恋人に、ミノタウロスを殺すための剣と、迷宮のなかの道にしるしをつけるための糸をもたせた。テセウスはミノタウロスを殺したあと、迷宮を抜け出てアリアドネと再会した。彼は、糸でしるしをつけた道をたどるだけで帰り道がわかったのである。王のアイゲウスは、テセウスがその使命をなし遂げたときには船に白い帆を揚げるように指図していた。しかしテセウスはそのことを忘れていたので、伝説によれば、黒い帆を揚げてもどる船を見た父は悲嘆のあまり海に身を投げた。それ以来この海はエーゲ海とよばれることになった。考古学者たちはクレタの都市クノッソスにひとつの宮殿を発見している。そこは神話上の迷宮の遺跡であるかもしれない。なぜなら、そこには、ミノスの牢獄についての伝説で述べられたものとよく似た多くの通路があるからである。

　ところで、読者はそろそろ、「クレタの迷宮」が数学と一体どんなつながりがあるのかと尋ねるのではないだろうか？　迷宮（あるいは迷路）は、本質的に位相幾何学（トポロジー）におけるパズルである。そういうものとして、種々の位相幾何学的な構造の性質を研究することは、数学者たちが時代を通じて用いてきた何よりも重要な思考様式なのである。このような理由で、まさにこの歴史上最初の迷宮は、古今のパズルのトップテンにふさわしい。

パズル

実は、「クレタの迷宮」が実際にどのようなものであったかは誰も知らない。その最もそれらしい形は、クレタの迷宮のあった場所と推定されるクノッソスで発見された古代の硬貨に見られる。

この「クレタの迷宮」の解法はいとも簡単である。入口から入って、ただひとつの曲がりくねった通をたどってゆけば、中心に達するはずである。このクレタの迷宮は、「一筆書き可能な」オイラー・グラフとよばれる（第4章）——つまり、そのなかを通る道がひとつだけあるグラフである。選ぶべき道を複数もった迷路は、それよりもはるかに大きな挑戦になる。なぜなら、それらを解くためのアルゴリズムは存在しないからである。しかしながら、長年のあいだに、いくつかの有用な示唆が数学者たちによって提出されている。以下はエドゥアール・リュカ（第6章で出会った）による示唆を書き換えたものである。

▼ 迷路を通りながら絶えず道の先を見越して、それが「袋小路」で終わっていないかどうかを見る。もし袋小路になっていれば、その道を避けてどこかの連結点で別の道をとる。

▼ 新しい連結点にくるたびに先を見越して、道がずっと先へ続いているか行き止りになっているかを見きわめる。

▼ もし道の途中で前にきた連結点あるいは袋小路に突きあたったならば、きた道を引き返す。

▼ 両側を画されたひとつの道に入ってはならない。

次の迷路を考えよう。目的は、一番下の入口から出発して、大きな黒丸でしるされた地点に到達する道を見つけることである。上で示した指針が役に立つことを、読者みずから確かめることができる。

「クレタの迷宮」は、支配者や、哲学者、数学者、画家、作家たちにはたらきかけてきた。のちのローマの皇帝たちは、迷宮の図案を彼らのローブに刺繍させた。初期キリスト教の多くの教会の壁には、クレタの迷宮をエッチングした銅版がよく見られたものである。

迷宮の概念は普遍的である。最も古い迷宮の図案のひとつは5000年前の墓の石壁に刻まれたもので、シチリアで発見されている。同じような彫刻は世界中いたるところで発見されている。迷宮は、歴史を通じて、また文化を問わず、悪を追い払い、超自然的な力をよび出し、そして英雄の知性を試すのに使われてきた。さきに述べたように、エジプト人たちは彼らのピラミッドを迷宮として設計した。エジプト人はまた、彼ら

の建物のいくつかを迷宮として建設した。その最大のものが「大迷宮」である。これは紀元前2000年ごろにエジプトの北部につくられた巨大な建造物で、それには3000の部屋があった。古代のトロイアの都市もまた迷宮の道をもつように設計され、侵入者を混乱させることによって自らを守っていた。ジャワ、スマトラ、インドなどでは、遠い昔から城内平和の象徴として迷宮の図案が使われてきた。北アメリカのナヴァホ族の人々は、迷宮がどのように世界が創造されたかを表現しているとつねに考えてきた。多くの中世の教会の床には迷宮の図案が用いられていて、救いを求める個々人の迂遠の旅路を象徴していた。その最大のひとつを、フランスのシャルトル大聖堂で見ることができる。ルネサンス以降、多くのヨーロッパの庭園は、刈り込んだ生垣の壁で仕切られた迷路として設計された。最もよく知られた2つの迷路が17世紀につくられた――ひとつはロンドンのハンプトンコートの迷路であり、他はフランスのヴェルサイユ宮殿の迷路である。ヴェルサイユの迷路には39の泉とイソップ物語の人物を象ったさまざまな彫像が飾られている。

数学的注釈

迷宮の建設は裏を返せばネットワークにおける最適の道を識別することでもあるので、グラフの構造を研究するのに迷宮の概念が用いられてきた。究極的には、すべての幾何学図形はグラフであり、グラフとして解析できるものである。グラフの概念に関連した最も重要な発展のひとつは座標幾何学である。これについて簡単に論じることにしよう。

座標幾何学
幾何学における実に多くの問題が最適な道を見つけることに直接関係している。次の問題はその典型的なものである。

ここに長方形の床がある。その長さはその幅の2倍であり、その面積は32平方フィートである。南西側の隅にいる一匹の虫が反対側の隅へゆくとする。この虫にとって最短の道とはどのような道か？ またその長さはいくらか？

まず、この長方形を描く。長方形の幅を x で表し、長さはその2倍であるからそれを $2x$ で表す。

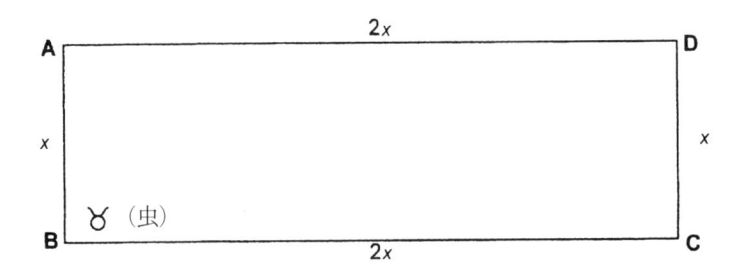

虫にとって最適の道は反対側の隅への対角線である。

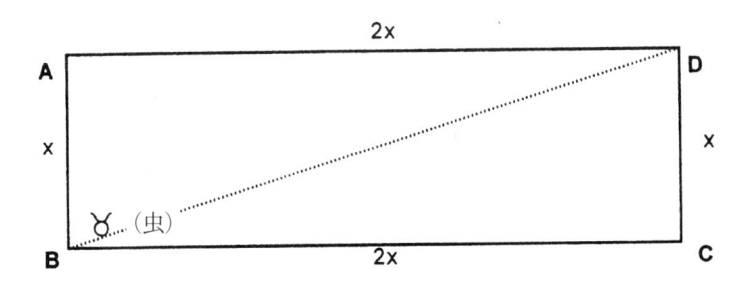

この対角線は、2辺の長さが x と $2x$ である直角3角形DBCの斜辺である。ゆえに、ピタゴラスの定理（第5章）を使って、対角線の長さを確定することができる。どうすればいいか？

10：クレタの迷宮

床の面積は32平方フィートとされている。

床の面積は、
$(2x)(x) = 32$
$2x^2 = 32$
この方程式の両辺を2で割ると、
$x^2 = 16$
平方根をとると、
$x = 4$

ゆえに床の幅は4フィートであるとわかる。長さはこの2倍なので8フィートである。これらは直角3角形DBCの直角をはさむ2辺の長さである。

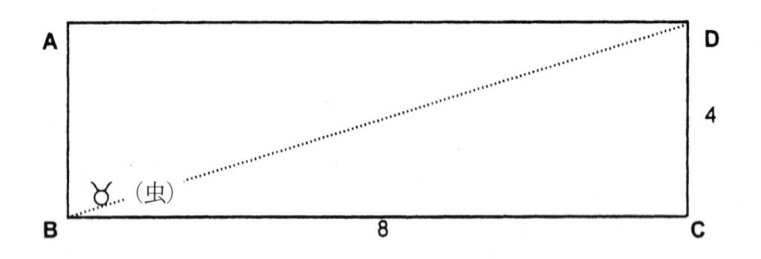

ここでピタゴラスの定理を使えば、斜辺DBの長さを決定することができる。

$DB^2 = 4^2 + 8^2$
$DB^2 = 16 + 64$
$DB^2 = 80$
$DB = \sqrt{80} = 8.94$

ゆえに、私たちの虫にとっての最適な道は8.94フィートとなる。この

問題を挑戦的にしたのが「クモとハエのパズル」とよばれるものである。これは《探究問題》に入れた。

　最適な道の研究が明らかにするのは、算術と代数学と幾何学が相互に関係づけられるという事実である。このことは古代の数学者たちに知られていた。しかしながら、これら3つの分野が形式的な融合をするためには、フランスの数学者で哲学者のルネ・デカルト（1596 – 1650）の仕事を待たなければならなかった。デカルトはこの融合体を解析幾何学とよんだ。これは幾何学的な図形と性質を代数学的な形式に変換して前者を研究する数学の分野である。解析幾何学における基本的な概念は、交わる「数直線」の概念である。数直線とは、正の数と負の数とのあいだの連続性と、そして、ある特定の数と直線上のある特定の「点」とのあいだの1対1対応を示すような、基本的な幾何学的表現である。

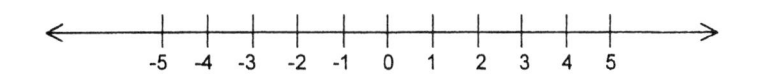

⟵ ―|―|―|―|―|―|―|―|―|―|― ⟶
　-5　-4　-3　-2　-1　0　1　2　3　4　5

デカルトは2つの数直線を直角に交わるように引いただけである。彼は、水平な直線を「x軸」、垂直な直線を「y軸」とよび、それらの交点を「原点」とよんだ。現在、このような直交する2つの数直線の体系は、デカルトに敬意を表して、デカルト平面と名づけられている。

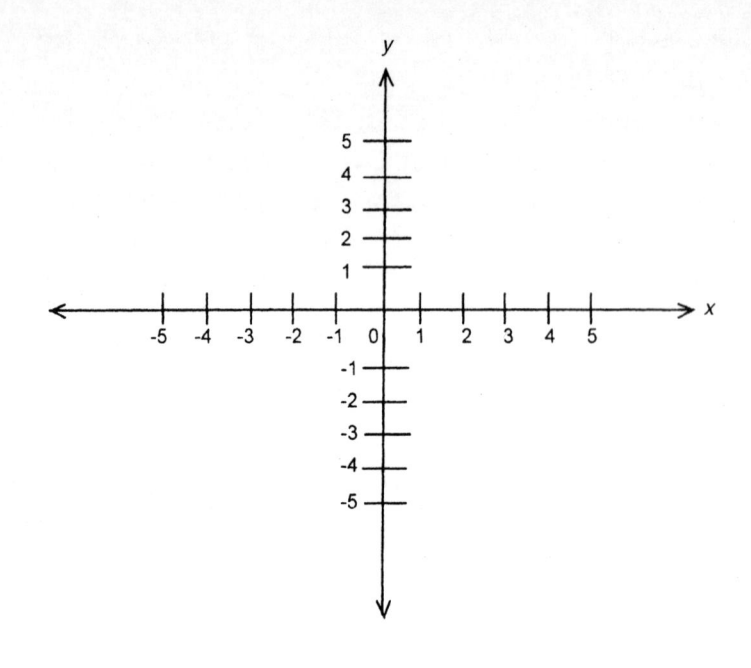

これは座標系ともよばれるが、それは、この平面がいまや2つの軸（座標軸）に関する点の位置（「座標」とよばれる）によって決定される点の体系と考えられるからである。たとえば、点Aに対する座標は (2, 1) である。これは、点Aがy軸から右に2単位、x軸から上に1単位であることを意味する。下の図には、点Aのほかにも、他のいくつかの点（B、C、D）とそれらの座標も示してある。

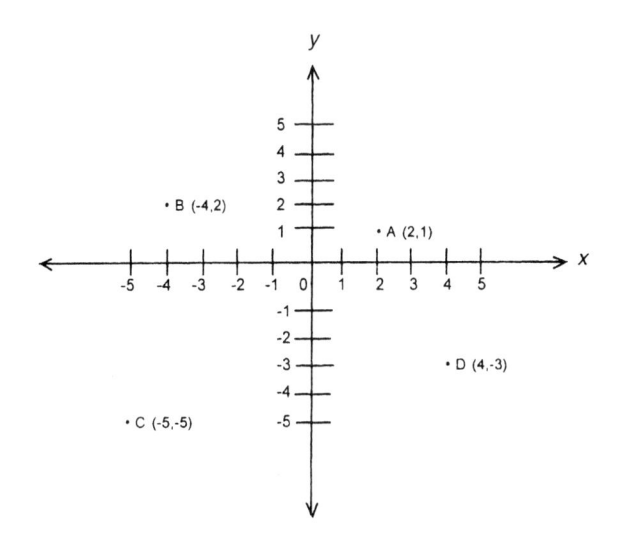

座標を割り当てるこの体系によって、$2x + y = 2$のような方程式をプロットする（座標に表示する）と、その根底にある「幾何学的な図形」が明らかにされる——結局これは直線であるとわかる。私たちは、座標(x, y)として方程式の解を決定することによって、いくつかの点をプロットし、それらを直線でつないでゆくことができることに注意しよう。そのような解をいくつかあげると、$(-2, 6)$、$(-1, 4)$、$(0, 2)$、$(1, 0)$、$(2, -2)$などである。これらは次のようにして得られる。

$$2x + y = 2$$

両辺から$2x$を引くと、

$$y = 2 - 2x$$

10：クレタの迷宮　257

ゆえに、
   もし $x=-2$ ならば、$y=6$
   もし $x=-1$ ならば、$y=4$
   もし $x=0$ ならば、$y=2$
   もし $x=1$ ならば、$y=0$
   もし $x=2$ ならば、$y=-2$

これらの点を座標系にプロットして、なめらかな線でつないでゆけば、これらがひとつの直線の上にのっていることがわかるであろう。

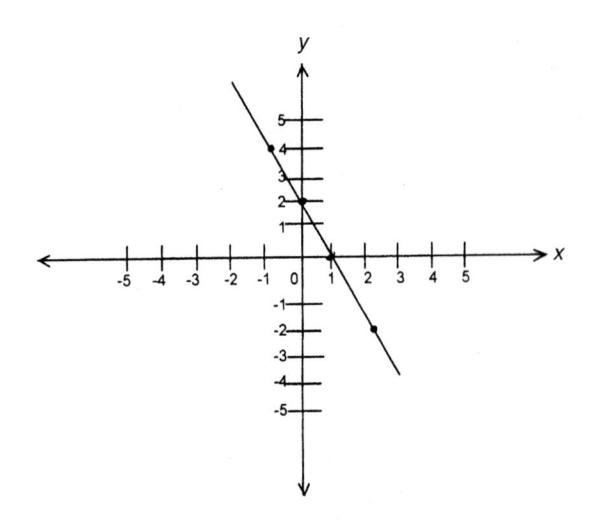

この直線上にあるどんな点も方程式 $2x+y=2$ を満足させる座標をもっており、また、この方程式を満足させるどんな数の対 (x, y) もこの直線上の点である。明らかに、解析幾何学は、ひとつのタイプの方程式をひとつのタイプの幾何学的図形に関係づけることを可能にする。たとえば、方程式 $x^2+y^2=25$ は円の方程式であることがわかる。読者は、この方程式を満たすように x と y に値を割り当てたあと、その値をグラフ

用紙にプロットすることによって、そのことをみずから確かめることができる。

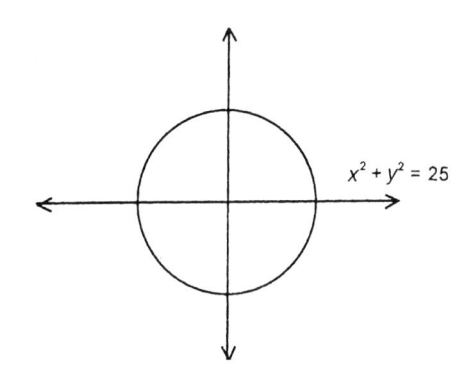

$$x^2 + y^2 = 25$$

いまでは解析幾何学は、地図の作成、あらゆる種類の関数の解析、諸定理の展開、最適な道の決定など、実にさまざまな事柄の基礎になっている。

ピタゴラス学派

迷路、最適の道、解析幾何についての議論が私たちを導いてゆく——まさしく迷宮のように——その先は、そもそも数学とは何かということの核心である。それはパターン（型、様式）の研究である。ピタゴラス学派の人たちは、数学をパターンの学問として創始した。彼らは真に異常な集団であった。女性が数学と哲学からほとんど締め出されていた時代にあって、ピタゴラス学派は女性を同等の者として迎え、彼らに哲学や数学の分野に参加するまれな機会を提供した。ピタゴラスの妻テアノは秀でた宇宙論者かつ治療者になった。テアノと彼女の娘たちは、迫害されたとはいえ、古代のギリシアとエジプトの隅々にまでピタゴラス学派の哲学を広めた。

ピタゴラス学派は、世界は数学の言葉によって解釈できると主張した。

彼らはまた、デカルトよりずっとまえに、数と幾何学的図形とのあいだの関係に注目した。たとえば、彼らは3角数を3角形パターンを示すもの、平方数（2乗数）を正方形パターンを示すものと定義した。1、3、6、10という数は3角数であり、1、4、9、16は平方数である。なぜなら、これらは次のように表すことができるからである。

```
        3角数                          平方数

                       •
                 •    • •
         •     • •   • • •              •    • •    • • •
 •     • •   • • •  • • • •     •     • •   • • •  • • •
 1      3      6      10         1      4      9
```

　このピタゴラス学派の洞察はのちのギリシアの数学者たちによって拡張され、すべての数は幾何学的領域に類似物をもつと主張された。たとえば、彼らは、2つの数の足し算（$a+b$）が2つの線分の足し算に対応し、引き算（$a-b$）が2つの線分の引き算に対応することを示した。

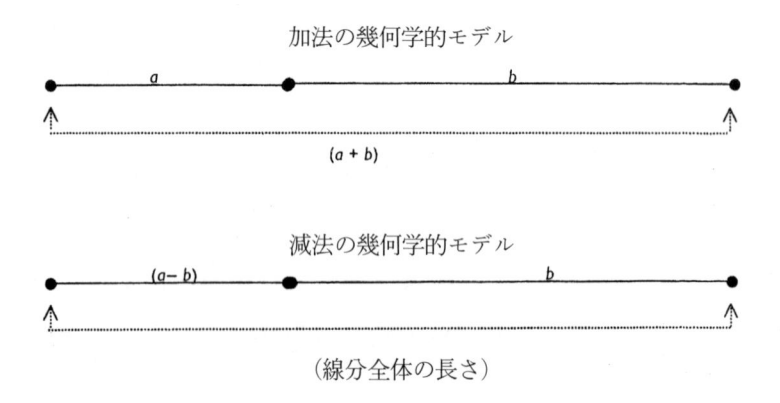

加法の幾何学的モデル

```
●————a————●————————b————————●
↑                            ↑
·············(a + b)··········
```

減法の幾何学的モデル

```
●——(a- b)——●————————b————————●
↑                             ↑
```

（線分全体の長さ）

　最初の図は、加法（足し算）が2つの線分 a と b をつなぎ合わせて直

線（$a + b$）をつくることに対応することを示す。2番目の図は減法（引き算）を示しており、もし長さ a の直線が2つの線分に分けられて、その一方が長さ b であるならば、残りの部分の長さは（$a - b$）になる——これは a から b が取り除かれるときに残される長さを表す。

　ピタゴラス学派が発見したすべてのパターンのなかで、いわゆるピタゴラス数（「ピタゴラスの3つ組数」ともいう）ほど重要なものはないだろう。これは $a^2 + b^2 = c^2$ の関係が成り立つ3つの数の組 $\{a、b、c\}$ である。もちろん、この関係は直角3角形の斜辺（c）の2乗が他の2辺（a、b）の2乗の和に等しい事実の反映である。

　歴史的な正確さのために、この関係は、ピタゴラスによって証明されるまえから、あまねく知られていたということを述べておく必要があるだろう。しかも事実上、すべての古代の建築者たちはおそらくこれに関する実際的な知識をもっていたと思われる。たとえば、紀元前2000年ごろにさかのぼる粘土板は、古代のバビロニア人たちが縄を結んで「3－4－5」の直角3角形——$3^2 + 4^2 = 5^2$——をつくっていたことを明らかにしている。彼らは明らかにピタゴラスの定理の実際的知識をもっていただけでなく、多くのピタゴラス数——$\{3、4、5\}$、$\{6、8、10\}$、$\{5、12、13\}$、$\{8、15、17\}$、…——についてもよく知っていたのである。

省察

最後の省察として、私は、パズルはそれ自体が楽しいものだということはもちろん、パズルには数学の基本的な諸概念を例示する力があるということも強調したいと思う。私は、読者がさまざまなパズルとそれらの数学的発見の関係についての新しい眺望をもって本書を読み終えることを願っている。たとえ私がこのことを示しただけだったとしても、本書を書いた価値は十分にあったと思っている。

探求問題

迷宮（迷路）

79. 次は「クレタの迷宮」のもっと難しいバージョンである。

80. 次も迷路を通り抜ける道を見つける問題である。

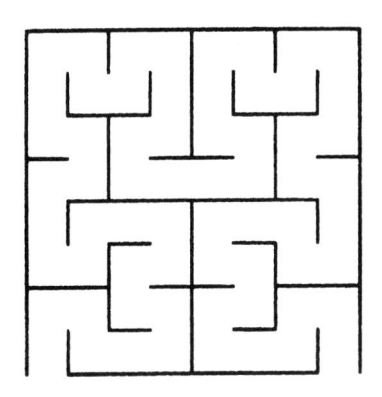

81. 上と同じタイプの迷路をもっと難しくしたものである。これも通り抜ける道を見つけよう。

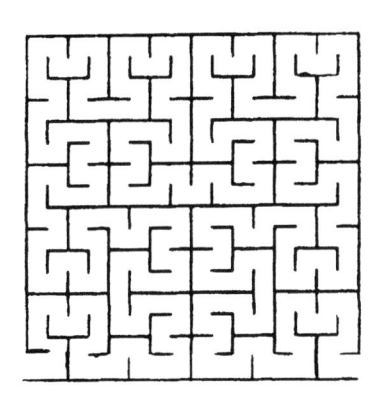

82. 今度は本格的な迷路で腕試しをしよう。これはルイス・キャロルの作である。菱形の中心にゆく道を見つけよう。

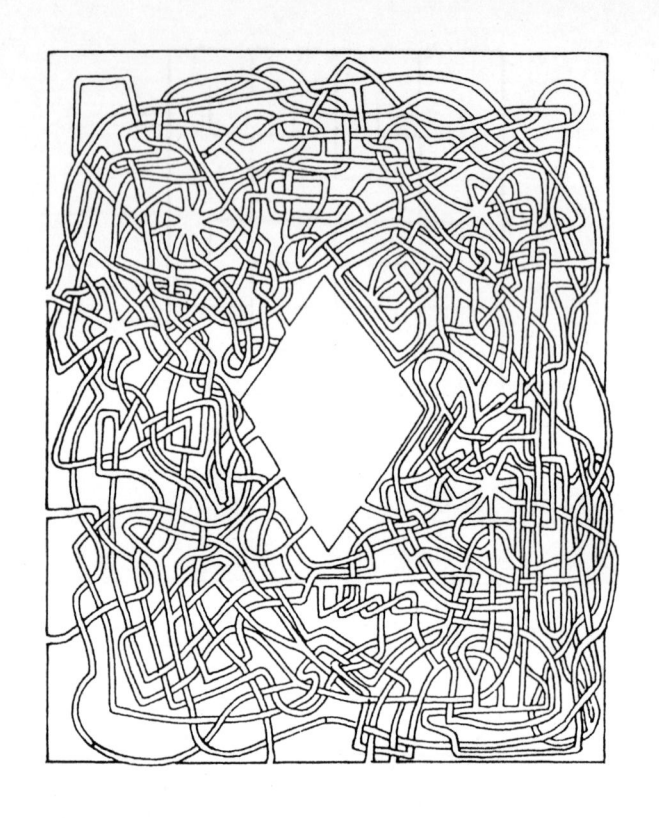

幾何学

83. 本文で述べたのと同じような虫の問題であるが、それよりずっと手強いバージョンである。ヘンリー・E・デュードニーの作「クモとハエのパズル」である。奥行30フィート、幅12フィート、天井の高さ12フィートの部屋がある。この部屋の一方の小さい壁のまんなか、天井から1フィートのところに、クモがじっとしている。また、反対側の壁のまんなか、床から1フィートのところにハエがとまっている。クモが壁面をはっていってその餌食にたどりつくための最短距離はどのくらいか？

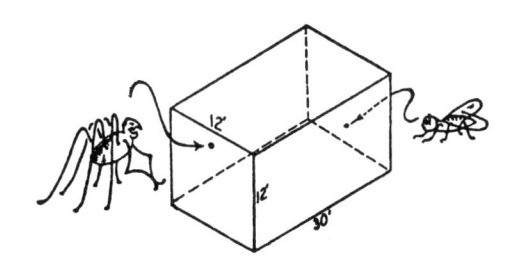

84. 最初の4つの3角数は、本文で論じたように、1、3、6、10である。12番目の3角数は何か？ どんなパターンがみつけられるか？

85. 最初の4つの平方数は、これも本文で論じたように、1、4、9、16である。どんなパターンが認められるか？

答と説明

1 スフィンクスの謎かけ

1.【答】蚤（ノミ）
【説明】あなたがもし自分の体の「ノミ」を「捕まえた」ならば、もちろん「それを捨てる」だろう。しかし、ノミを「捕まえる」ことができなければ、あなたはあきらめてそれを「もち続ける」しかないのだ。

2.【答】騾馬（ラバ）
【説明】ラバは「雑種」である。それは「半分ロバ」で「半分ウマ」である。より具体的には、ラバは、雄のロバと雌のウマの子かあるいは雌ロバと雄ウマの子で、自分の子供をつくることができない。ゆえに、ラバは「母親にも似ず」「父親にも似ていない」。ラバは不妊性であるがゆえに「自分の子供をつくれない」のである。

3.【答】犬（イヌ）
【説明】俗な言い回しでは、イヌは「主人」をもち、あごに「武器」（鋭い歯または牙）を携えることによって主人の「敵」を「追い払う」と言われる。しかし、イヌは子供が鞭をふるってさえ逃げるのである。

4.【答】虹（にじ）
【説明】赤、青、紫、緑は虹の色である。誰でも虹を見ることができるが、誰もそれに触れることも達することも決してできない。

5.【答】今日
【説明】「今日」は火曜日であるとしよう。火曜日が生まれるまえ、つま

り火曜日になるまえは、火曜日は「明日」という別の名前でよばれていた。なぜか？　誕生のまえの日は月曜日であったからだ。つまり月曜日には、火曜日は「明日」とよばれていた。そして火曜日では「もはやなくなる」と、火曜日は新しい名前「昨日」をもらう。なぜか？　火曜日が終わると水曜日が生まれるからだ。そして水曜日には、私たちは火曜日のことを「昨日」とよぶ。ゆえに、たった1日しか続かなくても、「今日」は実際に「昨日」「今日」「明日」と3日続けてその名前を変えるのである。

6.【答】あなたの名前
【説明】改めて説明するまでもない。

7.【答】ここでは、おのおのの単語に対する実例となるなぞをひとつだけ与える。読者はきっとほかにも自分自身のなぞをたくさん見つけ出すであろう。

　A.「私は軽重を計られることがある。私は目が見えない。しかし物質でも人間でもない。私は何か？」

　B.「私は花を開き、成長するが、草でも木でもない。私は何か？」

　C.「私はより苦くもなり、より甘くもなることができるが、食べ物でも飲み物でもない。私は何か？」

　D.「私は飛ぶが、翼をもたない。私は何か？」

【説明】

　A.「正義」は、重さを計ることのできるもの（「証拠の重さを計る、正義の天秤」）、あるいは盲目的なもの（「正義は盲目的である」）と私たちが考えるものである。

　B.　友情は植物のように花を開くもの、成長するものである、と私たちは言うことが多い。

　C.「愛は甘い」とか「愛は苦い」とかいう表現に見られるように、

愛は、私たちが味があると考えているものである。

D.「光陰矢の如し」という諺がこのなぞのもとである。

8.【証明】3角形ABCの頂点Aと円の中心Oを結んで、直線AOをつくることから始める。

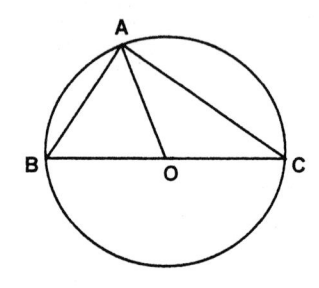

AOは円の半径であることに注意する。また、OBとOCも同様である。これらの直線はすべて互いに等しい。このことをこれらの直線に小さなストロークをつけて示す。

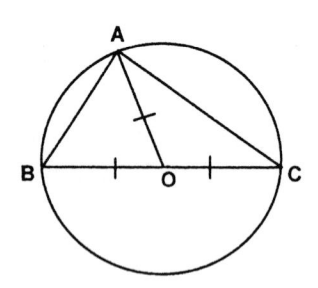

半円のなかに2つの2等辺3角形——AOBとAOC——がある。2等辺3角形の等しい2つの辺に対する角［底角という］は等しい。3角形AOBの2つの等しい角をx、3角形AOCの2つの等しい角をyとよぶことにする。

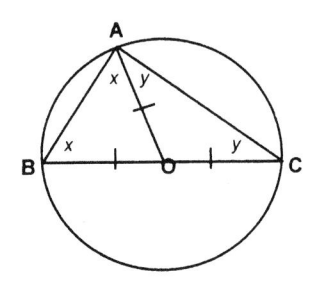

さて、最初の3角形 ABC を考えよう。この3つの角（内角）は x と y によって次のように表される。

1. ∠BAC = $(x + y)$
2. ∠CBA = x
3. ∠BCA = y

すべての3角形において内角の和は180度に等しい。ゆえに、3角形 ABC の内角の和は次の式で表される。

$(x + y) + x + y = 180°$

式の左辺を簡単にすると、

$2x + 2y = 180°$

両辺を2で割ると、式はさらに簡単になる。

$x + y = 90°$

ところで、$x + y$ は頂点 A の角 ∠BAC の総度数である。いま私たちは、$x + y$ が90度に等しいことを証明したので、∠BAC が90度に等しいと結論できる。

9.【パターン】どんな数に9をかけようとも、その積の数字を足し合わせると9または9の倍数（18、27、36、…）になる。また、9のどんな倍数でもその数字を足し合わせると9（または9の倍数）になる。すなわち、1 + 8 = 9、2 + 7 = 9、3 + 6 = 9、…。

$9 \times 9 = 81$ → $8 + 1 = 9$

$9 \times 7 = 63$ → $6 + 3 = 9$

$9 \times 12 = 108$ → $10 + 8 = 18$ → $1 + 8 = 9$

$9 \times 100 = 900$ → $9 + 0 + 0 = 9$

$9 \times 4,579 = 41,211$ → $4 + 1 + 2 + 1 + 1 = 9$

…

10.【答】

A．477は9の倍数である：$4 + 7 + 7 = 18$ → $1 + 8 = 9$

B．648は9の倍数である：$6 + 4 + 8 = 18$ → $1 + 8 = 9$

C．8,765は9の倍数で倍数ではない：$8 + 7 + 6 + 5 = 26$ → $2 + 6 = 8$（9ではない）

D．738は9の倍数である：$7 + 3 + 8 = 18$ → $1 + 8 = 9$

E．9,878は9の倍数で倍数ではない：$9 + 8 + 7 + 8 = 32$ → $3 + 2 = 5$（9ではない）

11.【パターン】偶数の2乗は偶数であり、奇数の2乗は奇数である。ゆえに、22は偶数だからその2乗は偶数であり（$22^2 = 484$）、奇数23の2乗は奇数である（$23^2 = 529$）。

【説明】偶数を表す公式は $2n$ である。これは、どんな数でも2を掛ければつねに偶数になることの一般化である。

n	$2n$
0	$2 \times 0 = 0$
1	$2 \times 1 = 2$
2	$2 \times 2 = 4$
3	$2 \times 3 = 6$
4	$2 \times 4 = 8$
5	$2 \times 5 = 10$

…

ここで、偶数の公式を2乗する。

$$(2n)^2 = 4n^2$$

$4n^2$ もまた偶数なのか？ もし偶数なら、偶数の2乗は偶数であることをまさに証明したことになる。これは次のように因数分解できることに注意しよう。

$$4n^2 = 2\,(2n^2)$$

この $2\,(2n^2)$ という表現は $(2n^2)$ に2を掛けたものである。ゆえに偶数を表す。

奇数を表す公式は $2n+1$ である。これは、どんな数でも2を掛けてそれに1を加えればつねに奇数になる、ということの一般化である。

n	$2n+1$
0	$2 \times 0 + 1 = 1$
1	$2 \times 1 + 1 = 3$
2	$2 \times 2 + 1 = 5$
3	$2 \times 3 + 1 = 7$
4	$2 \times 4 + 1 = 9$
5	$2 \times 5 + 1 = 11$

…

ここで、奇数の公式を2乗する。

$$(2n+1)^2 = 4n^2 + 4n + 1$$

この結果（右辺）の$4n^2 + 4n + 1$は奇数なのか？　もし奇数なら、奇数の2乗は奇数であることをまさに証明したことになる。この表現は$(4n^2 + 4n) + 1$と書きかえることができる。そこでこれを因数分解すると、

$$(4n^2 + 4n) + 1 = 2(2n^2 + 2n) + 1$$

この結果（右辺）の$2(2n^2 + 2n) + 1$は奇数を表している。もしこれがわからなければ、$2(2n^2 + 2n) + 1$における$(2n^2 + 2n)$を別の文字、たとえばm、でおきかえよう。するとこの表現は$2(m) + 1$つまり$2m + 1$になる。これが奇数の公式であることはもちろんわかるであろう。

　学校で習った代数を忘れてしまった読者のために、$(2n + 1)$を2乗する手順を示しておこう。

$$(2n + 1)^2 = (2n + 1)(2n + 1)$$

まず右辺の、おのおのの括弧のなかの、最初の2つの項を掛け合わせる。

$$(\underline{2n} + 1)(\underline{2n} + 1) = \underline{4n^2} + \cdots$$

さらに内側の項と外側の項どうしを掛け合わせ、その積をうえの結果に加える。

$$(\underline{2n} + 1)(2n + \underline{1}) = 4n^2 + \underline{2n} + \underline{2n} \cdots = 4n^2 + \underline{4n} + \cdots$$

最後の2つの項を掛け合わせて、その積をうえの結果に加える。

$$(2n + \underline{1})(2n + \underline{1}) = 4n^2 + 4n + \underline{1}$$

12.【答】

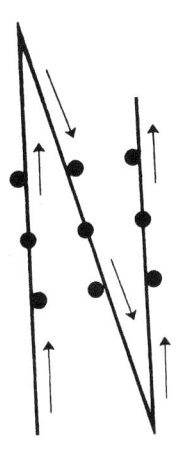

【説明】3つの直線はすべての丸印の中心を通る必要はない。3つの直線はいくつかの丸印をかすめて通ることもできるからである。これがこの種のパズルのバージョンに対する実際的な洞察である［問題は丸印であって点(ポイント)とは言っていない。丸印には大きさがあるというわけ］。

13.【答】5つの直線が必要である。

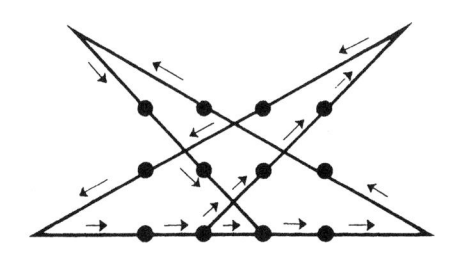

［（訳者解）以下の解法も可能である。］

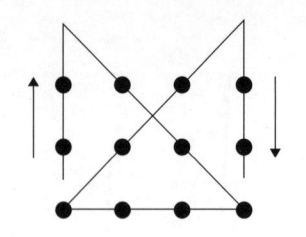

14.【答】6つの直線が必要である。

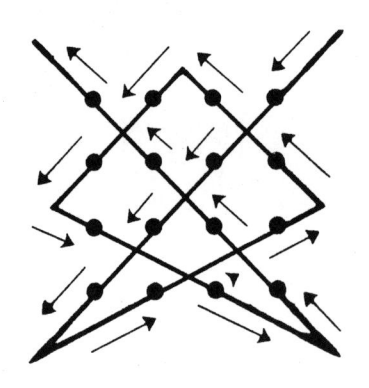

[（訳者解）以下のような解法も可能である。]

(A)　　　　　　　　(B)

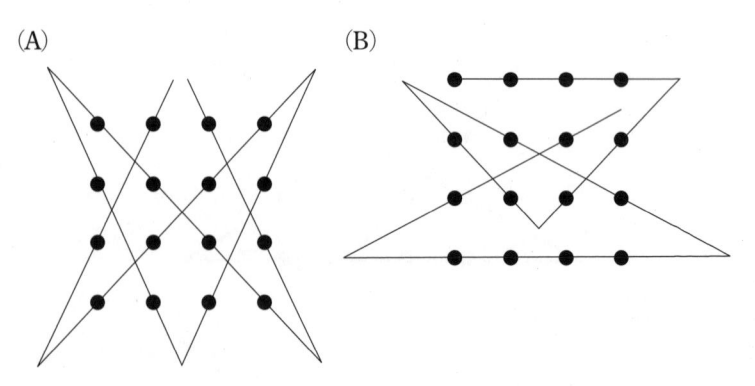

2 アルクインの「川渡りのパズル」

15.【答】5回の川渡りが必要である（H_1 と W_1 ＝第1の夫婦、H_2 と W_2 ＝第2の夫婦）。

	もとの岸に	ボートに	向こう岸に
0.	H_1 W_1 H_2 W_2		
1.	___ ___ H_2 W_2	H_1 W_1 →	
2.	___ ___ H_2 W_2	← W_1 ___	H_1
3.	___ W_1 ___ ___	H_2 W_2 →	H_1
4.	___ W_1 ___ ___	← H_1 ___	___ ___ H_2 W_2
5.	___ ___ ___ ___	H_1 W_1 →	___ ___ H_2 W_2
0.	___ ___ ___ ___		H_1 W_1 H_2 W_2

16.【答】12回の完全な川渡りをする必要がある。1回の完全な川渡りとは、一方の岸から他方の岸にゆくことであり、島に立ち寄って折り返すのは完全な川渡りであると認められない。以下は「タルターリアのパズル」の4人版に対する可能なモデル化のひとつである。（H_1 と W_1 ＝第1の夫婦、H_2 と W_2 ＝第2の夫婦、H_3 と W_3 ＝第3の夫婦、H_4 と W_4 ＝第4の夫婦）。

	もとの岸に	ボートに	島に	ボートに	向こう岸に
0.	H_1 W_1 H_2 W_2 H_3 W_3 H_4 W_4	___ ___		___ ___	___ ___
1.	H_1 ___ H_2 ___ H_3 W_3 H_4 W_4	W_1 W_2 → (迂回)	___ ___	W_1 W_2 →	___ ___
2.	H_1 ___ H_2 ___ H_3 W_3 H_4 W_4	← W_2 ___ (迂回)	___ ___	← W_2 ___	W_1
3.	H_1 ___ H_2 ___ H_3 ___ H_4 W_3	W_2 W_3 →	___ ___ (立寄り)		W_1

					← W_2	W_3 (折返し)							
4.	H_1		H_3	$H_4 W_4$	$H_2 W_2 \to$	W_3 (迂回)	$H_2 W_2 \to$		W_1				
5.	H_1		H_3	$H_4 W_4$	$\leftarrow W_1$	W_3 (迂回)	$\leftarrow W_1$		$H_2 W_2$				
6.			H_3	$H_4 W_4$	$H_1 W_1 \to$	W_3 (迂回)	$H_1 W_1 \to$		$H_2 W_2$				
7.			H_3	$H_4 W_4$	$\leftarrow W_3$	W_1 (交替)	$\leftarrow W_1$	H_1	$H_2 W_2$				
8.				$H_4 W_4$	$H_3 W_3 \to$	W_1 (迂回)	$H_3 W_3 \to$	H_1	$H_2 W_2$				
9.				$H_4 W_4$	$\leftarrow W_3$	W_1 (迂回)	$\leftarrow W_3$	H_1	$H_2 W_2 H_3$				
10.				H_4	$W_3 W_4 \to$	W_1 (迂回)	$W_3 W_4 \to$	H_1	$H_2 W_2 H_3$				
11.				H_4	$\leftarrow W_4$	W_1 (迂回)	$\leftarrow W_4$	H_1	$H_2 W_2 H_3 W_3$				
12.					$H_4 W_4 \to$	W_1 (迂回)	$H_4 W_4 \to$	H_1	$H_2 W_2 H_3 W_3$				
						W_1	$\leftarrow H_1$		$H_2 W_2 H_3 W_3 H_4 W_4$				
							$H_1 W_1 \to$ (折返し)		$H_2 W_2 H_3 W_3 H_4 W_4$				
0.									$H_1 W_1 H_2 W_2 H_3 W_3 H_4 W_4$				

17.【答】「カークマンのパズル」の答のひとつを以下に示す。

月曜日		
0	5	10
1	6	11
2	7	12
3	8	13
4	9	14

火曜日		
0	1	4
2	3	6
7	8	11
9	10	13
12	14	5

水曜日		
1	2	5
3	4	7
8	9	12
10	11	14
13	0	6

木曜日		
4	5	8
6	7	10
11	12	0
13	14	2
1	3	9

金曜日		
4	6	12
5	7	13
8	10	1
9	11	2
14	0	3

土曜日		
10	12	3
11	13	4
14	1	7
0	2	8
5	6	9

日曜日		
2	4	10
3	5	11
6	8	14
7	9	0
12	13	1

18.【答】3個の引抜きが必要である。

【説明】最初に白球を引き抜くとしよう。運がよければ、次に引く球もまた白いだろう。するとゲームは終わる。しかし、そうなるとは決まっていない。それどころか、「最悪の筋書(ワーストケースシナリオ)」、すなわち2番目に引く球が黒い場合——を仮定しておかなければならない。なぜなら、色のそろった2個の球を引くことが確実であることが要求されているからである。そこで、2度の引抜きのあと、私たちは1個の白球と1個の黒球をもつことになる。もちろん、私たちは最初に黒球を引き、2番目に白球を引くことだってあるだろう。最終結果は同じに——1個の白球と1個の黒球に——なっているはずだ。

ところで、箱から引き抜かれる次の球は、もちろん、白いか黒いかのいずれかである。3番目の球がどんな色であろうが、すでに引き抜かれた2つの球のひとつの色と一致するだろう。ゆえに私たちは色のそろった2個の球をもつことになる。ゆえに、色のそろった2個の球を確実にもつために箱から引き抜くのに必要な球の最少の数は3である。

19.【答】
A. 10個の白球、10個の黒球、10個の緑球の場合には、必要な引抜きの数は4である。順序はどうであれ、白1個、黒1個、緑1個を引き抜く最悪の筋書を仮定すると、そろいの球は4個目の引抜きでやってくる。なぜなら、それはすでに引かれた3個の球のどれかひとつの色だからである。

B. 10個の白球、10個の黒球、10個の緑球、10個の黄球の場合には、必要な引抜きの数は5である。この理由も同じである。4個の異なる色の球（最悪の筋書）を引いたあと、5個目の球の色はそれらのどれかひとつに必ず一致するからである。

C. 10個の白球、10個の黒球、10個の緑球、10個の黄球、10個の緑球の場合には、必要な引抜きの数は6である。この場合もまた理由は同

じである。最悪の筋書で5個の異なる色の球を引いたあと、6個目の球はそれらのどれかひとつに必ず一致するからである。

【説明】ここに見られるパターンは、そろいの色の2個の球が引き抜かれることを保証するには、色の数よりひとつ多い引抜きが必要であるということである。

表A-1　引抜きパズルの解

箱のなかの色の数	そろいの色の2個の球を得るために必要な引抜きの数	パターン
2	3	色の数よりひとつ多い引抜き
3	4	同上
4	5	同上
5	6	同上
…	…	…
n	$n+1$	同上

20.【答】たとえ球の数が変わっても、同じパターンがあてはまる。

【説明】球の数が同じとき（たとえば、白が10個、黒が10個、あるいは白が5個、黒が5個、…）、各球は同じ引かれる確率をもつ。しかしながら、もし特定の色の球の数を変えるならば、たとえば黒を15個に増やす一方、他の色の球の数をそのままとするならば、黒い球を引く確率は引抜きのたびに増加する。こうなれば、おのおの球の確率を決定することが解のなかに入り込んでくることになり、パズルの性質は変わってしまうだろう。

21.【答】少なくとも13回の引抜きをする必要がある。

【説明】24対の手袋が箱のなかにある。

6対の黒い手袋＝12個の黒い片手の手袋

6対の白い手袋＝12個の白い片手の手袋

合計24個のうち、半分の12個は右手用で、半分の12個は左手用である。最悪の筋書では、12個のすべてが左手用（そのうちの6個が黒で、6個が白）、あるいは、12個すべてが右手用の手袋（そのうちの6個が黒で、6個が白）であろう。13番目に引き抜かれた手袋は、それまでに引き抜かれた12個の手袋のどれかひとつと対になるだろう。

私たちは12個の左手用手袋——6個が黒、6個が白——をすでに引き出しているものとしよう。13番目の引抜きによって得られるものは右手用手袋のみである。なぜなら、箱のなかには、もはや左手用は残っていないからである。しかもそれは黒か白である。どちらであれ、それはそろう色である。

22.【答】チャンスは3つのうち2つである。

【説明】初めにバッグにあるかもしれない黒い玉をBで表し、初めにバッグにあるかもしれない白い玉をW_1で表すことにしよう。またバッグに加えられる白い玉をW_2で表すことにする。

まず、初めにバッグに白い玉W_1があったと仮定しよう。白い玉W_2がバッグに加えられると、バッグは2個の白い玉——W_1とW_2——を含むことになる。ゆえに、取り出される白い玉はW_1かあるいはW_2のどちらかである。

その代わり、初めバッグには黒い玉Bがあったと仮定しよう。白い玉W_2がバッグに加えられると、バッグには黒い玉と白い玉——BとW_2——が含まれることになる。ゆえに、取り出される白い玉はW_2、つまりバッグに加えられた玉である。

これら3つの筋書を表にまとめてみよう。

バッグのなか　　白い玉が加えられると　　取り出された白い玉

筋書1：	W_1	$W_1 W_2$	W_1
筋書2：	W_1	$W_1 W_2$	W_2
筋書3：	B	$B W_2$	W_2

筋書1と筋書2では、白い玉だけが取り出される。しかしながら、筋書3では白い玉か黒い玉のどちらかが取り出されることになる（実際に取り出されたのは白い玉であったけれども）。したがって、3つの筋書のうちの2つが、白い玉が取り出されることを私たちに保証する。ゆえに、白い玉を取り出すチャンスは3つのうち2つである。

23.【答】12の道筋がある。

【説明】セーラの家からビルの家へいくのに3とおりの異なる道がある。いったんビルの家につけば、シャーリーの家へは4とおりの異なる道がある。したがって、セーラの家からビルの家にくるのに取ったおのおのの道に対して、シャーリーの家へゆくのに4つの道を取ることができる。ゆえに、セーラの家からシャーリーの家へゆくには $3 \times 4 = 12$ の異なる道筋がある。

これらの道筋は図式的に示すことができる。まず、セーラの家からビルの家への3つの可能な道を B_1、B_2、B_3 で表し、ビルの家からシャーリーの家への4つの道を S_1、S_2、S_3、S_4 で表す。シャーリーの家へゆく可能な12の道筋は次のようになる。

B_1 からシャーリーの家へ	B_2 からシャーリーの家へ	B_3 からシャーリーの家へ
$B_1 - S_1$	$B_2 - S_1$	$B_3 - S_1$
$B_1 - S_2$	$B_2 - S_2$	$B_3 - S_2$
$B_1 - S_3$	$B_2 - S_3$	$B_3 - S_3$
$B_1 - S_4$	$B_2 - S_4$	$B_3 - S_4$

24.【答】380とおりの可能な選挙結果がある。もし2人の特定会員だけが会長の椅子につけるのであれば、わずか38とおりの選挙結果があるだけである。

【説明】いったん会長が選ばれると、副会長候補として19人があとに残る。ゆえに、$20 \times 19 = 380$ の可能な選挙結果がある。これは、n個の対象から1度にr個を取り出す順列、つまり$n!/(n-r)!$の例である。この場合には、$n = 20$、$r = 2$である。

$$n!/(n-r)! = 20!/(20-2)! = 20!/18! = 20 \times 19 = 380$$

もしブレンダとヘザーにしか会長に選ばれる資格がないならば、その椅子に対する選択肢は$2! = 2 \times 1 = 2$に限定される。すると、これら2つのそれぞれに対して、19人の会員(ブレンダかヘザーのどちらかを含めて)が副会長候補として残される。ゆえに、この場合の可能な選挙結果の数は$2 \times 19 = 38$となる。

25.【答】アレックスは792種類の異なるスープをつくることができる。

【説明】もし彼が12種類全部の野菜を使ったならば、もちろん、彼は12!種類のスープをつくることができただろう。けれども、彼は野菜の数を5つに限定している。ゆえに、彼には、全部で$12 \times 11 \times 10 \times 9 \times 8 = 95,040$の選択肢がある。そのうえ、これらが選ばれる順序は問題になっていない。これらのなかにどれだけの余剰の選択肢があるのか? それらのうち$5! = 5 \times 4 \times 3 \times 2 \times 1 = 120$の余剰がある。ゆえに、彼は、$95,040 \div 120 = 792$種類の異なるスープをつくることができる。

3 フィボナッチの「ウサギのパズル」

26.【答】これまでに記録されたパターンのすべてのリストをつくるとしたら途方もない仕事になるだろう。ここにもうひとつ追加しておこう。

2から始めて60個ごとの数のあとの数は1で終わる。たとえば、2のあと60番目の数は4,052,739,537,881で、この数は1で終わる。その数のあと60番目の数は14,028,366,653,498,915,298,923,761で、これも1で終わる。このようにどこまでも続く。

もっと多くのパターンに興味のある読者は《参考書》に示した情報源で調べるとよい。

27.【答】他のいくつかのパターンから、私は、次のような、気長にチェックする限り当てはまる、興味あるパターンを見つけている。
▼ 6から始めると、2つの引き続く項の比は0.54で相対的に一定であるように見える（6/11 = 0.545、11/20 = 0.55、20/37 = 0.540、37/68 = 0.544、68/125 = 0.544、…）。
▼ この数列の偶数番目にある数はすべて偶数である。たとえば、2は2番目の位置、6は4番目の位置、20は6番目の位置、…、にある。
▼ この数列の奇数番目にある数はすべて奇数である。たとえば、1は1番目の位置、3は3番目の位置、11は5番目の位置、…、にある。

28.【答】40日。

【説明】ティムは1本のタバコを3分の2しか吸わないので、1本の3分の1に等しい吸いさしを残す。このことは彼が吸ったタバコ3本ごと1本の新しいタバコをつくることを意味する。彼は27本のタバコをもっている。これらから彼は27個の吸いさしをつくった。これら吸いさしから彼は9本の新しいタバコをつくることができた（27÷3＝9）。ところで、「新しい」タバコによってさらに9個の吸いさしができた。これらの吸いさしから、3本の他のタバコがつくられた（9÷3＝3）。最終的に、そのような3本のボーナスタバコから、彼は3個の吸いさしをつくった。これらの吸いさしから、彼は最後の1本をつくることができた。それゆえ、合計して、彼は27＋9＋3＋1＝40本のタバコを吸った。ティムは1日1本のタバコを吸ったので、彼の悪い習慣を止めるまでに40日が経過した。

29.【答】パーティーには59人の人々がいた。

【説明】事物（人々、物、文字、など）を、ひとつずつ、2つずつ、3つずつ、というふうに数えることは、それらをセット（集合、組、そろい）——すなわち、ユニット（単位）、ペア（対）、トリプレット（3人組、3つ組）、など——に分割することと同等である。たとえば、もし私たちがアルファベット26文字を2つずつ数えるならば、実はそれらの文字を半分に分ける、つまり2で割ることなのである（26÷2＝13）。もし3つずつ数えるならば、それはつまり3で割ることである（26÷3）。最後の場合、答は、8組の3文字組と2文字余りである。「余り」とは、もちろん、2が、26を3で割ったときの残り、つまり「剰余」であることを意味する。

この洞察は私たちのパズルの解法に扉を開く。まず、私たちは50から60までの数を3で割って、2の剰余を残す数がどれかを突きとめる。この手続きは、もし人数を「1度に3人ずつ数えたならば、2人余る」という言明を、以下のように算術に翻訳する。

$50 \div 3 = 16$、剰余$= 2\,*$

$51 \div 3 = 17$、剰余$= 0$

$52 \div 3 = 17$、剰余$= 1$

$53 \div 3 = 17$、剰余$= 2\,*$

$54 \div 3 = 18$、剰余$= 0$

$55 \div 3 = 18$、剰余$= 1$

$56 \div 3 = 18$、剰余$= 2\,*$

$57 \div 3 = 19$、剰余$= 0$

$58 \div 3 = 19$、剰余$= 1$

$59 \div 3 = 19$、剰余$= 2\,*$

$60 \div 3 = 20$、剰余$= 0$

この手続きによって、私たちは剰余2を残す数として50、53、56、59という数を確認したのである（*をつけた）。次に、私たちはこれら4つの数のなかから、5で割ったとき4の剰余を残す数を見つける必要がある。この手続きは、もし人数を「1度に5人ずつ」数えたならば「4人余る」という言明を、以下のように算術に翻訳する。

$50 \div 5 = 10$、剰余$= 0$

$53 \div 5 = 10$、剰余$= 3$

$56 \div 5 = 11$、剰余$= 1$

$59 \div 5 = 11$、剰余$= 4$

読者が見るように、その数は59である。要約すれば、数59は、「3で割れば剰余2を残し、5で割れば剰余4を残す」という、このパズルの2つの算術的必要条件を満たす、50から60までの唯一の数である。

30.【答】Cの中身はワインが3分の1である。

【説明】容器のサイズはBがAの2倍ということなので、BがAの2倍になるように2つの容器の絵を描こう。

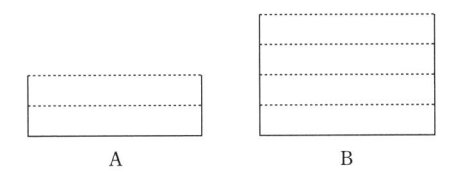

Aにはワインが半分、Bにはワインが4分の1入っているというのであるから、容器を透かして見ると、次のようになる：

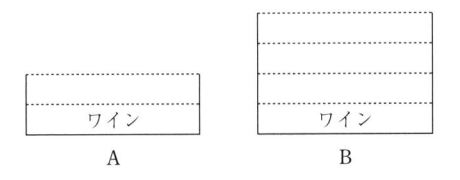

実際には、同じ量のワインが2つの容器にあることに注意しよう。

　さて、2つの容器の残りの部分を水で満たそう。ただし、混合してひとつの溶液にしない状態で示すことにする。もちろん、これは単なる便宜のためであって、実際に起こることの正しい表現ではない。

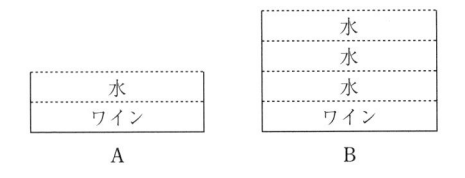

もう見ればわかるように、Aは水とワインの2つの等しい部分からなり、Bは水の3つの等しい小部分とワインの1つの等しい小部分からなる。それぞれの容器における各小部分はすべて等しい。ゆえに、2つの容器のあいだで、全部で6つの等しい小部分がある——そのうち2つは

ワイン、4つは水である。論理的に言えば、これら2つの容器の混合液にはワイン2と水4が含まれている。すなわち、容器Cがそのなかに含んでいるものは、事実上、次のように示される。

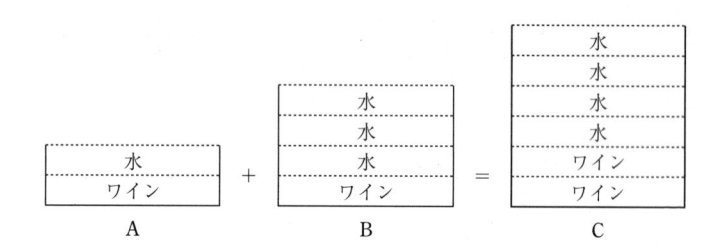

```
┌─────────┐           ┌─────────┐        ┌─────────┐
│   水    │           │   水    │        │   水    │
│  ワイン  │     +     │   水    │   =    │   水    │
└─────────┘           │  ワイン  │        │   水    │
                      └─────────┘        │   水    │
                                          │  ワイン  │
                                          │  ワイン  │
                                          └─────────┘
    A                     B                   C
```

もちろん、容器Cのなかの水とワインは混ざっており、上に示したようにきっちりと分離してはいない。しかし、その混合液のなかで、ワインは6分の2を構成し、水は6分の4を構成している。結論として、容器Cの混合物はそのなかにワインを2/6 = 1/3含んでいるのである。

31.【答】梯子には25段の横木があった。
【説明】最初、梯子のまんなかの横木にいること以外、消防士が何段目にいるのか私たちにはわからない。そこで、梯子のモデルを描いて、彼女の最初の横木に、まるでそれが数直線のゼロ点であるかのように「0」というラベルをはることにしよう。こうして「0」より上と下のおのおのの横木は、「0」点より上と下の数字にたとえることができる。明らかに、「0」はまんなかの横木であるから、それより上と下にある横木の数は同じだろう。

　(a) 最初、消防士は「0」から3段登ったという。

　(b) それから彼女は5段降りたというのだから、「0」より3段上の横木から5段下に降りたことになり、結局、出発点より2段下の横木にいる。

（c）次に、彼女は7段登ったというのだから、「0」より2段下から7段に登ったことは、まんなかの段より5段上の横木にいることを意味する。

(a)	(b)	(c)
3段上 / 2段上 / 1段上 / 0 (↑)	↓ / 3段上 / 2段上 / 1段上 / 0 / 1段下 / 2段下	5段上 / 4段上 / 3段上 / 2段上 / 1段上 / 0 / 1段下 / 2段下 (↑)

（d）最後に、消防士はもう7段登って屋根に上がったというのだから、「0」より上5段の横木からまた7段に登って12段上の横木に達したことになる。

（e）かくして、12段上の横木が梯子の最後の横木である。では、梯子を完成しよう。私たちは「0」の横木より上に12段の横木があることを知っている。「0」の横木はまんなかの横木であるので、梯子には「0」の横木より下に12段の横木がある。

梯子には、「0」の横木より上に12段の横木と、「0」の横木より下に12段の横木、そして「0」の横木そのものがある。こうして全部で25段の横木になる。

12段上
11段上
10段上
9段上
8段上
7段上
6段上
5段上
4段上
3段上
2段上
1段上
0
1段下
2段下
↑

12段上
11段上
10段上
9段上
8段上
7段上
6段上
5段上
4段上
3段上
2段上
1段上
0＝まんなかの横木
1段下
2段下
3段下
4段下
5段下
6段下
7段下
8段下
9段下
10段下
11段下
12段下

(d)　　　　　　　　　　(e)

32.【答】$2(2^{n-1})$

【説明】要するに、これらは2の累乗であるから、次のように数列の各項を書き直そう。

$$\{2、4、8、16、32、64、128、\cdots\}$$

初項：$2 = 2\,(2^0)$

第 2 項：$4 = 2\,(2^1)$

第 3 項：$8 = 2\,(2^2)$

第 4 項：$16 = 2\,(2^3)$

…

第 n 項：?

初項（第 1 項のこと）は順次の各項において繰り返されており、その比は 2 の順次の累乗で大きくなっていることがわかる。項の番号 n に関してこの比の指数を書き直そう。それぞれの項のべき指数はその項の番号（位置）よりも 1 小さいことに注意しよう。こうして問題の数列の各項は次のように書き直される。

初項：$2 = 2\,(2^0) = 2\,(2^{1-1})$

第 2 項：$4 = 2\,(2^1) = 2\,(2^{2-1})$

第 3 項：$8 = 2\,(2^2) = 2\,(2^{3-1})$

第 4 項：$16 = 2\,(2^3) = 2\,(2^{4-1})$

…

第 n 項：$= 2\,(2^{n-1})$

このパターンはすべての幾何数列を定義するので、私たちはまたあらゆる幾何数列の第 n 項に対する一般公式を導くことができる。そのためには、私たちはただ初項を a で、比を r で表すだけでよいのである。

第 n 項

$2 \quad (2^{n-1})$

↓　↓

$a \quad (r^{n-1})$

幾何(等比)数列の一般項は $a(r^{n-1})$ である [この比 r は公比とよばれる]。

33.【答】最初の100個の数におけるすべての偶数の和は2,550である。読者のなかには、答は5,050の半分の2,525になるだろうと思った人がいたかもしれないが、実はそうではない。

【説明】この場合、数列は次のようになる。

$\{2、4、6、8、10、12、14、\cdots、100\}$

この数列の下にこれを逆順にした数列を並べ、各列(上下)の数を足すと、

(1)	2	4	6	$\cdots$	100
	+	+	+		+
(2)	100	98	96	$\cdots$	2
和	102	102	102	$\cdots$	102

次に問題になるのは、最初の100個の数に偶数がいくつあるか?ということである。もちろん、100の半分、つまり50個の偶数がある。よって、上記数列の和は、50掛ける102割る2ということになる。

和 $= (50)(102)/2 = 2,550$

奇数の和を求めるには、もちろん、この方法を再び用いることは可能である。けれども、すでに私たちには、1から100までのすべての数の和が5,050であり、そのなかにあるすべての偶数の和が2,550であることがわかっているので、すべての数の和から偶数の和を差し引くだけで

よいのである。

すべての数の和		偶数の和		奇数の和
5,050	−	2,550	=	2,500

4 オイラーの「ケーニヒスベルクの橋」

34.【答】

 (A) A-F-E-B-A-D-F-C-B-D-E-C-A

 (B) A-B-C-E-B-D-E-H-D-G-H-I-E-F-I-J-F-C-A

これら以外にもオイラーの道は可能である。

35.【答】

(A) このグラフはオイラーの道である。なぜなら、3つの道が出合う奇頂点が2つあるだけだから（F、H）。2つの奇頂点のうち一方が出発点なら他方は最終点である。他の可能なオイラーの路（のひとつ）を示すと、Hを出発頂点としてH-G-D-E-H-I-F-E-B-D-A-B-C-Fが考えられる。

(B) このグラフはオイラーの道ではない。なぜなら、奇頂点が3つ以上あるから（B、D、H、F）。

(C) このグラフはオイラーの道ではない。なぜなら、これもまた3つ以上の奇頂点をもっているから（B、D、H、F）。

(D) このグラフはオイラーの道である。なぜなら、5つの道が集まる奇頂点が2つだけだから（F、G）。一方の頂点が出発点なら他方は最終点である。可能なオイラーの道（のひとつ）を示すと、F-C-A-F-H-G-F-D-G-E-B-D-A-B-Gが考えられる。

36.【答】たくさんの可能性がある。ある与えられたグラフがオイラー・グラフであるためには、それがもつことのできる奇頂点は2つまでである。

37.【答】8面体には、頂点が6つ、辺が12、面が8つある。ゆえに、
$$v - e + f = 2$$
$$6 - 12 + 8 = 2$$

38.【答】頂点の数をv、辺の数をe、面の数をfとすると、

(A) $v - e + f = 1$
$3 - 3 + 1 = 1$

(B) $v - e + f = 1$
$4 - 4 + 1 = 1$

(C) $v - e + f = 1$
$5 - 5 + 1 = 1$

(D) $v - e + f = 1$
$6 - 6 + 1 = 1$

平面図形では、頂点の数は辺の数に等しい。しかも、そのような図形はすべてただひとつの面をもつ。

39.【答】この図形をオイラー・グラフに変える可能な方法のひとつは、下図に示すように、2つの辺を外側に引くことである。こうすればAとCはどちらも偶頂点になり、また奇頂点はBとDの2つだけになるので、非オイラー・グラフはオイラー・グラフに変わるだろう。

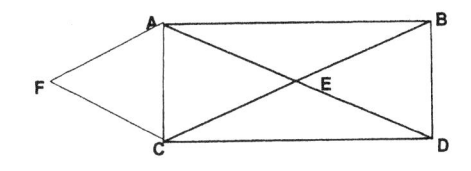

これをたどるオイラーの道のひとつは、B-A-F-C-E-B-D-E-A-C-D である。

40.【答】偶数個の反転があるときしか、このパズルは解けないのである。したがって、読者はどんな配列をつくろうとも、反転の総数が偶数になっていることを確かめなければならない。

41.【答】2つの連続する奇数の積が、316のような偶数になることは不可能である。

【説明】この理由は、2つの連続する奇数の公式を掛け合わせることによって示される。まえに（問題11の説明で）議論したように、あるひとつの奇数を表す公式は $2n+1$ である。ゆえにその次の奇数は $2n+3$ である。これら2つを掛けると、

$$(2n+1)(2n+3) = 4n^2 + 8n + 3$$

この右辺の2つの積の項をくくると、

$$(4n^2 + 8n) + 3$$

2で因数分解すると、

$$2(2n^2 + 4n) + 3$$

どんな数であれ2を掛けると偶数になるから、$2(2n^2+4n)$ の項は偶数を表す。ゆえに、それに3（奇数）を加えた結果は奇数である。

5 ガスリーの「4色問題」

42.【答】(以下の答以外の色配列が可能である)

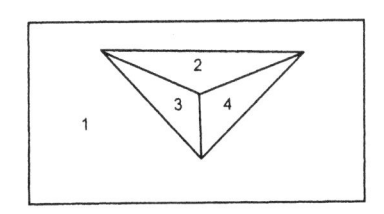

A. 4色

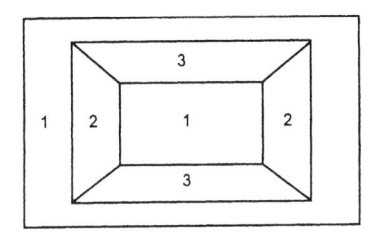

B. 3色

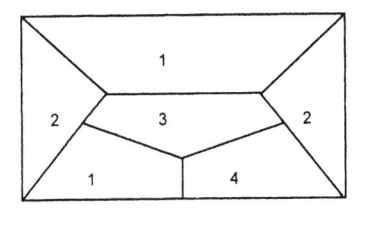

C. 4色

43.【答】メービウスの帯とクラインの壺はともに1つの面しかもっていない。ゆえにどちらも1色で足りる。

44.【証明】3角形の内角の和は180度であることを思い出そう。もし3角形の2つの内角がともに90度より大きいならば、それらの和は、3番目の内角がなくても、180度より大きくなってしまうだろう。これは3角形の内角の和は180度であることに反する。ゆえに、3角形の内角で90度より大きいものはひとつだけである。

45.【証明】

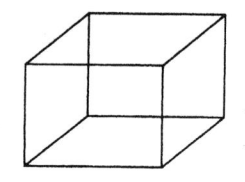

この立方体の頂点の数は8、辺（陵）の数は12、面の数は6である。これらの値を公式に入れると、確かにこの関係が成り立っていることがわかる。

$$v - e + f = 2$$
$$8 - 12 + 6 = 2$$

これを証明するためには、これがあらゆる立方体に当てはまることを示さなければならない。しかし事実上私たちはこの証明を終えている。なぜなら、立方体のまさにその定義が8つの頂点、12の辺、6つの面をもつものだからである。ゆえに私たちは最初から一般的な場合を扱っていたことになり、例外はない。

46.【証明】

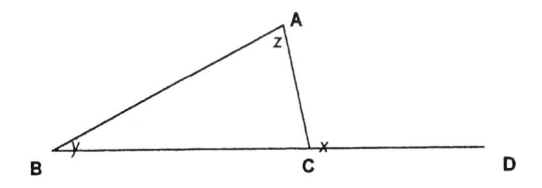

$x = y + z$ であることを証明するために、すでに確立された事実（定理、命題など）を使うことができる。横断線の反対側の角が等しいことを思い起こそう。その知識を用いて、頂点Aを通って底辺に平行な直線を引く。

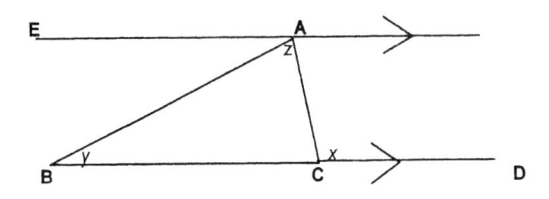

いま、私たちは∠EABを内角 y に等しくしたのである。なぜなら、まえに述べたように、横断線（この場合AB）の反対側にある2つの角は等しいからである。したがって、この角を y とおくことができる。

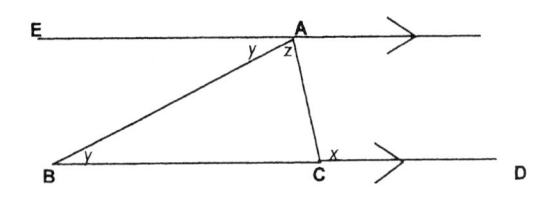

次に、図のなかのもうひとつの横断線ACを見よう。これは∠EACをxに等しくしている。∠EAC = $y+z$であるから、私たちは、$x = y+z$であること、ゆえに、3角形の外角はそれと隣り合わない内角の和に等しいことを証明したことになる。

47.【答】3色が必要である。

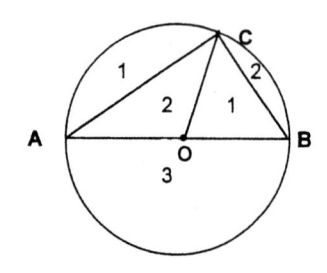

【証明】このグラフには、4つの頂点（A、O、B、C）と8つの辺（直線AO、AC、OC、OB、CBと弧AC、CB、AB）、そして5つの面（1、1、2、2、3）がある。

ゆえに、

$$v - e + f = 1$$
$$4 - 8 + 5 = 1$$

5つの面は「地図の領域」、8つの辺は「地図の境界」であると考えることができる。両者の差は3であることに注意しよう。このオイラー解析から、地図上のeとfの差が必要な色の数を示していることが示唆される。これが本当にそうなのか、さまざまなタイプのグラフを使って読者は自分でチェックしてみるとよい。もしそうなら、この発見は真の証明というよりむしろ、単純な帰納法の例ということになろう。

6 リュカの「ハノイの塔のパズル」

48.【答】言うまでもなく、これは「ハノイの塔」の4円盤バージョンに相当する。したがって、このゲームを完遂するには、(2^4-1)回、つまり15回の移し替えが必要である。右にひとつの考えられる移動の例を示す。読者は4枚のカードを使って実際にプレーして確かめることができる。

移動	場所A	場所B	場所C
開始	1 2 3 4	—	—
1	2 3 4	1	—
2	3 4	1	2
3	3 4	—	1 2
4	4	3	1 2
5	1 4	3	2
6	1 4	2 3	—
7	4	1 2 3	—
8	—	1 2 3	4
9	—	2 3	1 4
10	2	3	1 4
11	1 2	3	4
12	1 2	—	3 4
13	2	1	3 4
14	—	1	2 3 4
15	—	—	1 2 3 4

49.【パターン】n の値それ自体が素数である。

50.【パターン】与えられた2つの規則によって起こることを表にしてみよう。

1. 規則1（R_1）は偶数番目の升目に適用される。ひとつまえの奇数番目の升目にある麦粒の数に 2^n を掛けなければならない。
2. 規則2（R_2）は奇数番目の升目に適用される。そのまえの偶数番目の升目にある麦粒の数を2で割らなければならない。

最初の升目			→		= 1
2番目の升目	($n=2$)	R_1 を適用	→	1×2^2	= 4
3番目の升目		R_2 を適用	→	$4 \times 1/2$	= 2
4番目の升目	($n=4$)	R_1 を適用	→	2×2^4	= 32
5番目の升目		R_2 を適用	→	$32 \times 1/2$	= 16
6番目の升目	($n=6$)	R_1 を適用	→	16×2^6	= 1,024
7番目の升目		R_2 を適用	→	$1,024 \times 1/2$	= 512
8番目の升目	($n=8$)	R_1 を適用	→	512×2^8	= 131,072
9番目の升目		R_2 を適用	→	$131,072 \times 1/2$	= 65,536

…

各升目に出た結果は2の累乗となっていることがわかる。

最初の升目	→	1	=	2^0
2番目の升目	→	4	=	2^2
3番目の升目	→	2	=	2^1
4番目の升目	→	32	=	2^5
5番目の升目	→	16	=	2^4
6番目の升目	→	1,024	=	2^{10}

7番目の升目	→	512	=	2^9
8番目の升目	→	131,072	=	2^{17}
9番目の升目	→	65,536	=	2^{16}

…

各奇数番目の升目のべき指数は、まえの偶数番目の升目のべき指数より1小さい。

| 2番目の升目 | → | 2^2 |
| 3番目の升目 | → | 2^1 |

| 4番目の升目 | → | 2^5 |
| 5番目の升目 | → | 2^4 |

| 6番目の升目 | → | 2^{10} |
| 7番目の升目 | → | 2^9 |

| 8番目の升目 | → | 2^{17} |
| 9番目の升目 | → | 2^{16} |

このほかのパターンも読者は見つけているかもしれない。

51.【答】チェッカー盤をおおい尽くすことはできない。取り除かれた2つの升目が同じ色——どちらも白——である、というのがその簡単な理由である。チェッカー盤におかれるドミノ牌はつねに白1と黒1の升目をおおう。2つの白い升目が取り除かれれば、盤には白い升目より多い黒い升目が残る、ゆえに、すべてのドミノ牌がおおい尽くすべき同数の白と黒の升目がない。

52. 【答】

A.

整数	1	2	3	4	5	6	7	8	9	10	11	12	⋯
	⇕	⇕	⇕	⇕	⇕	⇕	⇕	⇕	⇕	⇕	⇕	⇕	
10の倍数	10	20	30	40	50	60	70	80	90	100	110	120	⋯

B.

整数	1	2	3	4	5	6	7	8	9	10	11	12	13	⋯
	⇕	⇕	⇕	⇕	⇕	⇕	⇕	⇕	⇕	⇕	⇕	⇕	⇕	
分数	1/1	1/2	1/3	1/4	1/5	1/6	1/7	1/8	1/9	1/10	1/11	1/12	1/13	⋯

53. 【答】

A. $\aleph_0 + 1 = \aleph_0$

B. $\aleph_0 + n = \aleph_0$

C. $\aleph_0 + \aleph_0 = 2\aleph_0 = \aleph_0$

【説明】$\aleph_0$は基数の集合を表す。たとえこれに1を加えても、あなたは数直線をただ1先へゆくだけである。実際、どれだけ多くの数nを数直線に加えようとも、あなたはこれに追いつくこともこれを超えることもできない、ゆえに、あなたはつねに数直線上にとどまるのである。同じように、数直線を2倍にしたとしても、あなたはこれに追いつけもしないしこれを追い越すこともできない。たとえ$\aleph_0$にどんな算術演算を実行しようとも、数直線は無限であり、つねに同じ濃度をもつのである。

7 ロイドの「地球から追い出せのパズル」

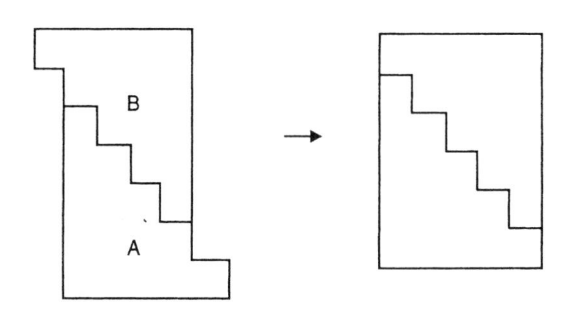

54.【答】与えられた図形を2つの部分AとBに切り離し、また引っつけて長方形にするには、どう切ればよいかを考える問題である。これは、下図のように、もとの図形を「ジグザグ」に切ることにより達成される。おのおのの切れ目の長さは上右耳の辺の長さに等しくなければならない。こうして、AとBは互いにかみ合う部分としてつくり出される。Aをずらして1段上げるかBを1段下げるかしてかみ合わせれば、ひとつの長方形ができる。

55.【答】2つの大きい片（2と3）を左右入れ替えると、対角線によって切られている升目のおのおのはその幅よりわずかだけ高くなっている。このことは、もとの大きい正方形がもはや完全な正方形ではなくなっていることを意味する。すなわち全体がちょうど穴の面積に等しい分だけ高さが増えているのである［高さの増分は幅の1/7である。ゆえに、増えた面積は1/7×7＝1（＝穴の面積）］。

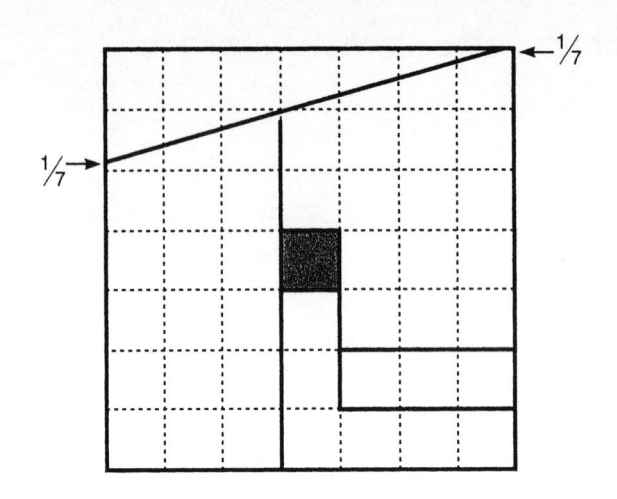

56.【答】淡い色の鉛筆と濃い色の鉛筆の数が変わる。入れ替えのあとは、淡い色の鉛筆が7本、濃い色の鉛筆が6本になる。

57.【答】アヒルとウサギ。

58.【答】2本の鉛筆の長さは等しい。ツェルナー錯視のひとつである。

59.【答】2つの面積は等しい。

【説明】大きな陰をつけた環の半径は5、その内半径は4である。また小さな陰をつけた環の半径は3である。円の面積はπr^2と表される。この公式を用いて、半径5の円の面積は$\pi r^2 = \pi 5^2 = 25\pi$、半径4の円の面積は$\pi r^2 = \pi 4^2 = 16\pi$。よって、外側の陰をつけた環の面積は、半径5の円の面積から半径4の円の面積を差し引くことにより求められ、$25\pi - 16\pi = 9\pi$である。一方、半径3の円の面積、すなわち内側の陰をつけた部分の面積は$\pi r^2 = \pi 3^2 = 9\pi$。ゆえに、陰をつけた2つの部分の面積は等しい〔上の関係を要約すると、$\pi 5^2 - \pi 4^2 = \pi 3^2$。これを並び変えると、$\pi 3^2 + \pi 4^2 = \pi 5^2$。さらに両辺を$\pi$で割ると、$3^2 + 4^2 = 5^2$。すなわち、この問題はピタゴラス数 {3, 4, 5} の実際例なのである〕。

8 エピメニデスの「うそつきのパラドクス」

60. 【答】この文は循環性（堂々回）をもたらす。
【説明】もしこの文を真であると仮定するならば、それが言っていること——「この文は間違っている」——は事実として真でなければならない。しかし、もしこのとおりならば、この文は間違っている（それが主張するように）。このことは、この文が真でもあり、偽であることを意味しており、これは論理的に矛盾している。

今度は、反対の前提を仮定しよう——すなわち、この文が偽であるとしよう。この新しい仮定の結果はどうなるか？ もしこの文が本当に偽ならば、それが言っていることの反対は真でなければならない。しかしこれもまた、この文が偽かつ真であることを意味することになる。

61. 【答】金貨はBにある。
【説明】まずAの銘文が真であると仮定しよう

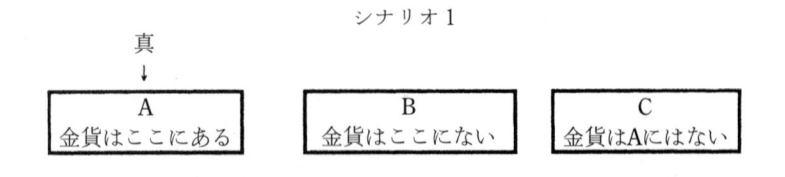

シナリオ1

真
↓

A	B	C
金貨はここにある	金貨はここにない	金貨はAにはない

すると、Bの銘文もまた真であることは直ちに確かめられる——もし金貨がAにあるならば、Bの銘文が宣言しているように金貨がBにないことは確実だ。しかしこのことは、銘文のたかだかひとつが真であるという条件に反する。この場合に私たちは真の言明を2つもつことにな

るからだ。ゆえに、シナリオ1は退けられる。とはいえ、私たちはこの過程で、Aの銘文が必然的に偽であること——金貨はAにはないこと——を発見したのである。そのことはCの銘文を真にする。なぜならば、それは単に金貨がAにないことを確認しているだけだから。

シナリオ2

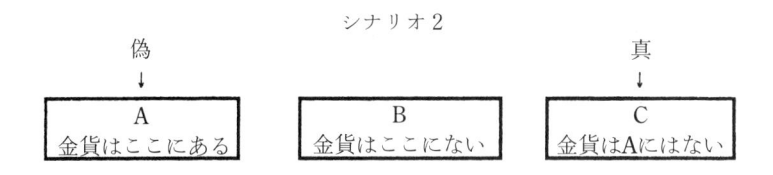

偽		真
↓		↓
A 金貨はここにある	B 金貨はここにない	C 金貨はAにはない

銘文の、たかだか、ひとつが真であるので、Bの銘文は偽でなければならない。こうしてシナリオ2が仕上がる。

シナリオ2

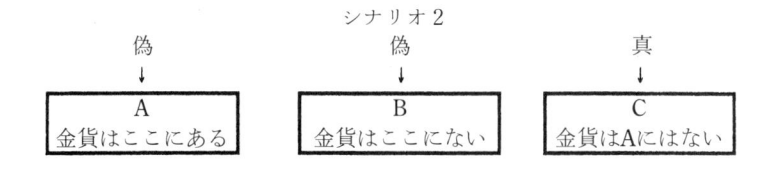

偽	偽	真
↓	↓	↓
A 金貨はここにある	B 金貨はここにない	C 金貨はAにはない

Bの銘文は「金貨はここにない」と書いてある。シナリオ2によって、これは偽の言明である。したがって、その反対は真である——Bの銘文が言うことに反して、金貨はBにあるのだ。

62.【答】この箱を誰がつくったかを決定することはできない。
【説明】箱をつくったのは真実を述べる人であったと仮定する。すると、この銘文は偽である——銘文は、この箱は真実を述べる人がつくったものではない、と言っているからである。

偽
↓

```
この箱は真実を述べる人が
つくったものではない
```

しかしそれはありえない。何となれば、真実を述べる人が偽りの銘文をつくるはずがないからだ。ゆえに、この箱をつくった人はうそつきでなければならない。もしそうだとしたら、この銘文は真であるということになる。

真
↓

```
この箱は真実を述べる人が
つくったものではない
```

しかしこの言明はいまや真であると判明している。なのに、うそつきがそのような正直な言明をするわけがないではないか。ゆえに、誰がこの宝石箱をつくったのかを決定することは不可能である。

63.【答】$x=0$ だけが成り立つ。それがこの方程式で x のとりうる唯一の値だから。
【説明】x について方程式 $x+y=y$ を解くと、$x=0$ を得る。

$$x+y=y$$

両辺から y を引くと、

$$x + (y - y) = (y - y)$$
$$x + 0 = 0$$
$$x = 0$$

これ以外のどんな値をxに割り当てようともこの方程式は成り立たない。

64. 【答】その文には13個の文字しかない。ゆえに偽である。しかしながら、もしそれを否定文にして「この文は15個の文字をもたない」にすると、この文は15個の文字をもつことになって、それが言っていることに反する。

65. 【答】その男の父。
【説明】写真を見ているその男を「見る人」とよぼう。「見る人」には兄弟も姉妹もないので彼は一人っ子である。さて彼が語るには、写真のなかの男には息子があり、その息子は彼自身の父の息子であるという。「見る人」は一人っ子であるので、彼は彼自身の父の唯一可能な「息子」である。それが写真のなかの男その人である。

66. 【答】本屋の店員は3ドルの本と彼のポケットマネー7ドル——合計10ドル——を損した。
【説明】まず、偽の10ドル札には何の価値もないので、本屋の店員は3ドルの本に対して何も受け取らなかった。ゆえに、この時点で、彼は3ドルを損した。次に、何が起こったかについて考えよう。本屋の店員は、偽札をもらったレコード屋の店員から本物の1ドル札10枚を受け取った。本屋の店員が自分の店にもどったとき、彼は本物の札10枚のなかから7ドルを客に渡し、残り3ドルを自分のポケットに入れた。

レコード屋の店員が彼女の10ドルを返して欲しいと言ったとき、本屋の店員はまだ、本物の10ドルからの残り3ドルを自分のポケットにもっていた——他の7ドルは客に渡った。ゆえに、彼は3ドルを彼女に払いもどし、差額7ドルを自分のポケットマネーから出して埋め合わせた。ゆえに、合計して、本屋の店員が損したのは、3ドルの本と彼のポケットマネー7ドル——締めて10ドル——ということになる。

67.【答】話をわかりやすくするために、3人の女をA、B、Cとよぶ。自分の額の十字の色がわかった女をAとする。どうして彼女は自分の色がわかったのか？　AはBとCを見て、彼らが2人とも赤い十字を塗られているのを見る。ゆえに、彼女は言われたとおり手を上げる。同じように、Bもまた2つの赤い十字を見る。ゆえに、彼女もまた手を上げる。Cも同じく2つの赤い十字を見る。もちろん彼女も手を上げる。その時点でAは次のように推論する。

私が自分の額に青い十字を塗られていると仮定しよう。もしそうならば、他の2人のどちらか、たとえばBは彼女が青い十字をつけていないことを知るだろう。なぜなら、さもなければCは2つの青い十字——私のとBのと——を見て自分の手を上げないはずだ。だが彼女は手を上げている。ゆえに、BとCは自分の色を決められないのだ。このことは私もまた赤い十字をつけられていることを意味するのだ。

68.【答】女性3人が27ドルを払い、そのうち25ドルをホテルがとり、2ドルをボーイがとった。
【説明】最初に彼女たちは部屋代として30ドル支払った。それが、ホテルマネージャーが請求し過ぎに気づいたとき彼の手中にあった金額である。彼は30ドルのうち25ドルを確保し、彼女たちにもどすべき5ドルをボーイに渡した。

ここで、彼女たちに注意を集中しよう。3人にはそれぞれ1ドルの払いもどしがあった。これで、要するに、彼女たちは部屋代としてそれぞれ9ドル払ったことになる。したがって、3人は全部で27ドルを支払ったのであり、これは部屋代として支払うべきであった金額——すなわち25ドル——より2ドル多い額である。この2ドルこそ、よこしまなボーイがくすねた金額であった！

要するに、行方不明になったお金などなく、女たちが27ドルを払い、そのなかからホテルが25ドルをとり、残り2ドルをボーイがとったのである。

69. 【答】

$$\lim_{n \to \infty} F_n/F_{n+1} = 0.618\ldots$$

これが黄金比である（第3章）。

【説明】。F_n がフィボナッチ数列におけるどんな数であっても、記号 F_{n+1} はそのひとつあとの数を表すことを思い出そう。以下は次々のフィボナッチ対の比をいくつかとって昇順に並べたものである。

$1/2 = 0.5$

$3/5 = 0.6$

$5/8 = 0.625\ldots$

$13/21 = 0.619\ldots$

$34/55 = 0.618\ldots$

$89/144 = 0.618\ldots$

$233/377 = 0.618\ldots$

…

この比は0.618に近づく。

70. 【答】コンパスを交点においてすべての半線分の長さを測ってゆけ

ば、この線分の端を通るひとつの円が描かれることになる。

【説明】円を定義する主要な条件は、実は、すべての半径が等しいことである。交点から広がる線分は同じ長さに引かれている（2等分されている）ので、この点が実際半径 r の円の中心である。

9　洛書の魔方陣

71.【答】

16	2	12
6	10	14
8	18	4

魔方陣定数は 30 である。

72.【答】

7	6	11
12	8	4
5	10	9

魔方陣定数は 24 である。

73.【答】

2.00	0.25	1.50
0.75	1.25	1.75
1.00	2.25	0.50

魔方陣定数は 3.75 である。

74.【答】

67	1	43
13	37	61
31	73	7

魔方陣定数は 111 である。

75.【答】

$2\frac{1}{2}d$	$5d$	$1\frac{1}{2}d$
$2d$	$3d$	$4d$
$4\frac{1}{2}d$	$1d$	$3\frac{1}{2}d$

魔方陣定数は 9d である。

76.【答】

3	71	5	23
53	11	37	1
17	13	41	31
29	7	19	47

魔方陣定数は102である。

77．【答】

64	2	3	61	60	6	7	57
9	55	54	12	13	51	50	16
17	47	46	20	21	43	42	24
40	26	27	37	36	30	31	33
32	34	35	29	28	38	39	25
41	23	22	44	45	19	18	48
49	15	14	52	53	11	10	56
8	58	59	5	4	62	63	1

【説明】8次の魔方陣のひとつは4つの小さな4次の魔方陣からなっていると見なせばよいことに留意しよう。したがって、この場合に引かれる対角線は、4つの象限（小さな4次の魔方陣）のおのおのにある。このようにしたあと、4次のアルゴリズムに従って進めばよい。

78．【答】

1．魔方陣定数を決定せよ（15である）。
2．最初の9つの整数からなる3つ組のうち合計すると15になる8組はどれかを決定せよ。それらが3次の魔方陣をつくる合計8つの行、列、対角線に含まれる3つ組である。

$9 + 5 + 1 = 15$
$9 + 4 + 2 = 15$
$8 + 6 + 1 = 15$
$8 + 5 + 2 = 15$
$8 + 4 + 3 = 15$

$7 + 6 + 2 = 15$

$7 + 5 + 3 = 15$

$6 + 5 + 4 = 15$

3．これらから、最も出現回数の多い数を見分けよ（5である）。それが中央の升目におかれる数である。

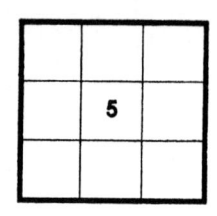

4．次に、何回かの試行錯誤によって、中央の升目から「放射」するパターンにそれらの3つ組をふり分けよ。

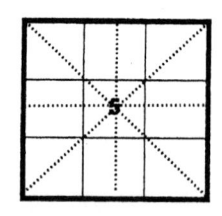

この魔方陣を完成させる方法は他にいろいろあり、これはほんの1例である。

10 クレタの迷宮

79.【答】 この解法は実はかなりやさしい。この迷路には左側に水平のスポーク（輻）があり、このスポークは、外側から5番目の線から、中心部から2番目の線まで走っている。もし右側に対応するスポークを引くならば（中心部から2番目の線から、外側から5番目の線まで）、この迷路はただひとつの道に縮められる。

80.【答】
読者が自身で試してみよう。

81.【答】
読者が自身で試してみよう。

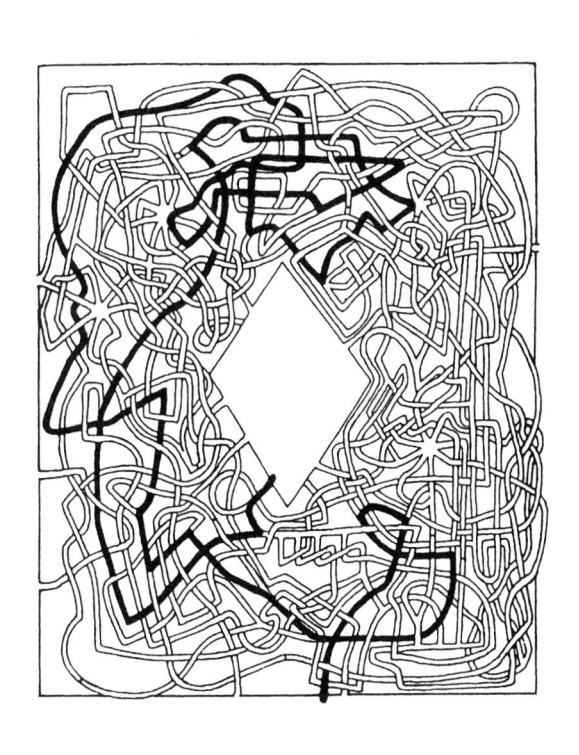

82.【答】
→

83.【答】最短ルートは40フィートである。

【説明】部屋（直方体）の展開図を描くと、以下のような4つの可能なルート（A、B、C、D）が考えられる。

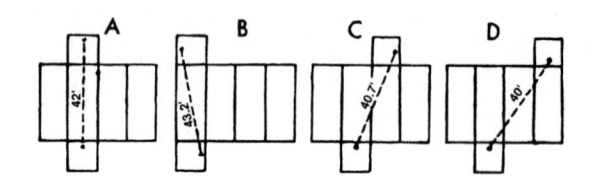

明らかに、D の道筋が最短ルートである。これは直角3角形の斜辺である。

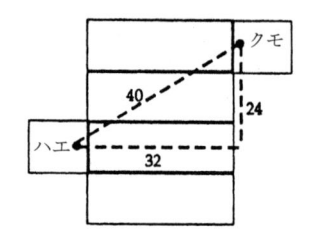

84.【答】12番目の3角数は78である。

【説明】以下がそのパターンである

  1番目の3角数：$1 = 1$

  2番目の3角数：$3 = 1 + 2$

  3番目の3角数：$6 = 1 + 2 + 3$

  4番目の3角数：$10 = 1 + 2 + 3 + 4$

  …

  n番目の3角数：$\cdots = 1 + 2 + 3 + 4 + \cdots + n$

これからわかるように、逐次の3角数のおのおのは順番どおり連続する整数を合計することによってつくられる。たとえば、3番目の3角数は最初の3つの整数の和、7番目の3角数は最初の7つの整数の和、というふうになっている。

ゆえに、12番目の3角数は最初の12個の整数の和に等しい。和の公式 $S_{(n)}$ を用いて、その数は78であることを示すことができる。

$$S_{(n)} = \frac{n(n+1)}{2}$$

$n = 12$ であるから、

$$S_{(12)} = \frac{12(12+1)}{2} = 78$$

85.【答】このパターンは、おのおのの平方数は順序どおりの次々の奇数を合計することによってつくられる。たとえば、3番目の平方数は最初の3つの奇数の和、9番目の平方数は最初の9つの奇数の和、というふうになっている。

　　1番目の平方数 = 1
　　2番目の平方数 = 4 = 1 + 3
　　3番目の平方数 = 9 = 1 + 3 + 5
　　4番目の平方数 = 16 = 1 + 3 + 5 + 7
　　…
　　9番目の平方数 = 81 = 1 + 3 + 5 + 7 + 9 + 11 + 13 + 15 + 17

参考書

以下のリストは、パズルのコレクションだけでなく、数学の発達におけるパズルの役割を知るための参考書あるいは文献を含んでいる。

第1章　スフィンクスの謎かけ

Averbach, Bonnie, and Orin Chein. *Problem Solving through Recreational Mathematics*. New York: Dover, 1980.

Ball, W. W. Rouse. *Mathematical Recreations and Essays*, 12th edition, revised by H. S. M. Coxeter. Toronto: University of Toronto Press, 1972.

Casti, John L. *Mathematical Mountaintops: The Five Most Famous Problems of All Time*. Oxford, N.Y.: Oxford University Press, 2001.

Costello, Matthew J. *The Greatest Puzzles of All Time*. New York: Dover, 1988.

Danesi, Marcel. *The Puzzle Instinct: The Meaning of Puzzles in Human Life*. Bloomington: Indiana University Press, 2002.

De Morgan, Augustus. *A Budget of Paradoxes*. New York: Dover, 1954.

Devlin, Keith. *The Millennium Problems: The Seven Greatest Unsolved Mathematical Puzzles of Our Time*. New York: Basic Books, 2002.

Dorrie, Heinrich. *100 Great Problems of Elementary Mathematics*. New York: Dover, 1965.

Dudeney, Henry E. *The Canterbury Puzzles and Other Curious Problems*. New York: Dover, 1958.

———. *538 Puzzles and Curious Problems*. New York: Scribner, 1967.

———. *Modern Puzzles and How to Solve Them*. London: Nelson, 1919.

Eiss, H. E. *Dictionary of Mathematical Games, Puzzles, and Amusements*. New York: Greenwood, 1988.

Falletta, Nicholas. *The Paradoxicon: A Collection of Contradictory Challenges, Problematical Puzzles, and Impossible Illustrations*. New York: John Wiley & Sons, 1990.

Gardner, Martin. *Aha! Insight!* New York: Scientific American, 1979.

———. *The Colossal Book of Mathematics*. New York: Norton, 2001.

———. *Gotcha! Paradoxes to Puzzle and Delight*. San Francisco: Freeman, 1982.

―――. *The Last Recreations: Hydras, Eggs, and Other Mathematical Mystifications.* New York: Copernicus, 1997.

―――. *Mathematics, Magic, and Mystery.* New York: Dover, 1956.

―――. *Riddles of the Sphinx and Other Mathematical Tales.* Washington, D.C.: Mathematical Association of America, 1987.

Hovanec, Helene. *The Puzzlers' Paradise: From the Garden of Eden to the Computer Age.* New York: Paddington Press, 1978.

Kasner, Edward, and John Newman. *Mathematics and the Imagination.* New York: Simon and Schuster, 1940.

Moscovich, Ivan. *Puzzles, Paradoxes, Illusions and Games.* New York: Workman, 2001.

Olivastro, Dominic. *Ancient Puzzles: Classic Brainteasers and Other Timeless Mathematical Games of the Last 10 Centuries.* New York: Bantam, 1993.

Taylor, A. *English Riddles from Oral Tradition.* Berkeley, Calif.: University of California Press, 1951.

Townsend, Charles B. *The World's Best Puzzles.* New York: Sterling, 1986.

Van Delft, P., and J. Botermans. *Creative Puzzles of the World.* Berkeley, Calif.: Key Curriculum Press, 1995.

Wells, David. *The Penguin Book of Curious and Interesting Puzzles.* Harmondsworth, U.K.: Penguin, 1992.

Zebrowski, E. *A History of the Circle: Mathematical Reasoning and the Physical Universe.* New Brunswick, N.J.: Rutgers University Press, 1999.

第2章　アルクインの「川渡りのパズル」

Ascher, M. "A River-Crossing Problem in Cross-Cultural Perspective." *Mathematics Magazine* 63 (1990): 26-29.

Biggs, N. L. "The Roots of Combinatorics." *Historia Mathematica* 6 (1979): 109-36.

Gerdes, P. "On Mathematics in the History of Sub-Saharan Africa." *Historia Mathematica* 21 (1994): 23-45.

Pressman, Ian, and David Singmaster. "The Jealous Husbands and the Missionaries and Cannibals." *Mathematical Gazette* 73 (1989): 73-81.

Primrose, E. J. F. "Kirkman's Schoolgirls in Modern Dress." *Mathematical Gazette* 60 (1976): 292-93.

第3章　フィボナッチの「ウサギのパズル」

Basin, S. L. "The Fibonacci Sequence as It Appears in Nature." *Fibonacci Quarterly* 1 (1963): 53-64.

Brousseau, Brother A. *An Introduction to Fibonacci's Discovery*. Aurora, S.D.: Fibonacci Association, 1965.

Devlin, Keith. *The Language of Mathematics: Making the Invisible Visible*. New York: W. H. Freeman, 1998.

———. *Mathematics: The Science of Patterns*. New York: Scientific American Library, 1997.

Dunlap, R. A. *The Golden Ratio and Fibonacci Numbers*. Singapore: World Scientific, 1997.

Gardner, Martin. "The Multiple Fascination of the Fibonacci Sequence." *Scientific American* (March 1969): 116-20.

Garland, T. H. *Fascinating Fibonaccis*. White Plains, N.Y.: Dale Seymour, 1987.

Jean, R. V. *Mathematical Approach to Pattern in Plant Growth*. New York: John Wiley & Sons, 1984.

Livio, Mario. *The Golden Ratio: The Story of Phi, the World's Most Astonishing Number*. New York: Broadway Books, 2002.

Pappas, Theoni. *Mathematical Footprints: Discovering Mathematical Impressions All Around Us*. San Carlos, Calif.: World Wide Publishing, 1999.

Vajda, S. *Fibonacci and Lucas Numbers, and the Golden Section*. Chichester, U.K.: Ellis Horwood, 1989.

Vernadore, J. "Pascal's Triangle and Fibonacci Numbers." *Mathematics Teacher* 84 (1991), 314-16.

Vorob'ev, N. N. *Fibonacci Numbers*. New York: Blaisdell, 1961.

第4章　オイラーの「ケーニヒスベルクの橋」

Adler, Irving. *Monkey Business*. New York: John Day, 1957.

Falletta, Nicholas. *The Paradoxicon: A Collection of Contradictory Challenges, Problematic Puzzles, and Impossible Illustrations*. New York: John Wiley & Sons, 1983.

Penrose, L. S., and R. Penrose. "Impossible Objects: A Special Type of Visual Illusion." *British Journal of Psychology* 49 (1958): 31-33.

第5章 ガスリーの「4色問題」

Appel, Kenneth, and Wolfgang Haken. "The Four-Color Problem." In Dale Jacquette (ed.), *Philosophy of Mathematics*, 193-208. Malden, Mass.: Blackwell, 2002.

———. "The Four-Color Proof Suffices." *The Mathematical Intelligencer* 8 (1986):10-20.

Barnette, David. *Map-Coloring Polyhedra and the Four-Color Problem*. Washington, D.C.: Mathematical Association of America, 1983.

Benson, D. C. *The Moment of Proof Mathematical Epiphanies*. Oxford: Oxford University Press, 1999.

Casti, John L. *Mathematical Mountaintops: The Five Most Famous Problems of All Time*. Oxford: Oxford University Press, 2001.

Doxiadis, A. *Uncle Petros and Goldbach's Conjecture*. London: Faber and Faber, 2000.

Haken, Wolfgang, and Kenneth Appel. "The Solution of the Four-Color-Map Problem." *Scientific American* 237 (1977):108-21.

Jacquette, Dale (ed.). *Philosophy of Mathematics*. Malden, Mass.: Blackwell, 2002.

Tymoczko, Thomas. "The Four-Color Problem and Its Philosophical Significance." *Journal of Philosophy* 24 (1978): 57-83.

Wilson, Robin. *Four Colors Suffice: How the Map Problem Was Solved*. Princeton, N.J.: Princeton University Press, 2002.

第6章 リュカの「ハノイの塔のパズル」

Aczel, Amir D. *The Mystery of the Aleph: Mathematics, the Kabbalah and the Search for Infinity*. New York: Four Walls Eight Windows, 2000.

Kaplan, Robert, and Ellen Kaplan. *The Art of the Infinite: The Pleasures of Mathematics*. Oxford: Oxford University Press, 2003.

Lucas, François Edouard Anatole. *Récreations mathématiques*, 4 vols. Paris: Gauthier-Villars, 1882-1894.

Maor, Eli. *To Infinity and Beyond: A Cultural History of the Infinite*. Boston: Birkhäuser, 1987.

Rósza, P. *Playing with Infinity: Mathematical Explorations and Excursions*. New York: Dover, 1957.

Stewart, Ian. *From Here to Infinity: A Guide to Today's Mathematics*. Oxford: Oxford University Press, 1987.

第7章　ロイドの「地球から追い出せのパズル」

Ball, W. W. Rouse. *Mathematical Recreations and Essays*, 12th edition, revised by H. S. M. Coxeter. Toronto: University of Toronto Press, 1972.

Ernst, Bruno. *Impossible Worlds*. Köln, Germany: Taschen, 2002.

Gardner, Martin. *Entertaining Mathematical Puzzles*. New York: Dover, 1961.

Lindgren, H., and G. Frederickson. *Recreational Problems in Geometric Dissections and How to Solve Them*. New York: Dover, 1972.

Loyd, Sam. *Cyclopedia of Tricks and Puzzles*. New York: Dover, 1914.

———. *The Eighth Book of Tan*. New York: Dover, 1952.

———. *Mathematical Puzzles of Sam Loyd*, 2 volumes, compiled by M. Gardner. New York: Dover, 1959-1960.

Luckiesh, M. *Visual Illusions*. New York: Dover, 1965.

Rodgers, N. Incredible *Optical Illusions*. London: Quarto, 1998.

Shepard, R. N. *Mind Sights: Original Visual Illusions, Ambiguities, and Other Anomalies*. New York: W. H. Freeman, 1990.

Simon, S. *The Optical Illusion Book*. New York: William Morrow, 1984.

第8章　エピメニデスの「うそつきのパラドクス」

Barwise, Jon, and John Etchemendy. *The Liar*. Oxford: Oxford University Press, 1986.

Carroll, Lewis. *The Game of Logic*. New York: Dover, 1958.

Casti, John L., and Werner DePauli. *Gödel: A Life of Logic*. Cambridge, Mass.: Perseus, 2000.

Gardner, Martin. *Gotcha! Paradoxes to Puzzle and Delight*. San Francisco: Freeman, 1982.

Nagel, Ernest, and James R. Newman. *Gödel's Proof*. New York: New York University Press, 1958.

Rescher, Nicholas. Paradoxes: *Their Roots, Range, and Resolution*. Chicago and La Salle: Open Court, 2001.

Sainsbury, R. M. *Paradoxes*. Cambridge, U.K.: Cambridge University Press, 1995.

Salmon, W. C. (ed.). *Zeno's Paradoxes*. Indianapolis: Bobbs-Merrill, 1970.

Smullyan, Raymond. *The Riddle of Scheherazade and Other Amazing Puzzles, Ancient and Modern*. New York: Knopf, 1997.

―――. *What Is the Name of This Book? The Riddle of Dracula and Other Logical Puzzles*. Englewood Cliffs, N.J.: Prentice-Hall, 1978.

第9章　洛書の魔方陣

Andrews, W. S. *Magic Squares and Cubes*. New York: Dover, 1960.

Benson, W. H., and O. Jacoby. *Magic Cubes*: New Recreations. New York: Dover, 1981.

―――. *New Recreations with Magic Squares*. New York: Dover, 1976.

Clawson, Calvin C. *Mathematical Mysteries: The Beauty and Magic of Numbers*. Cambridge, Mass.:, Perseus, 1996.

Gardner, Martin. *Mathematical Magic Show*. Washington, D.C.: Mathematical Association of America, 1990.

―――. *Mathematics, Magic, and Mystery*. New York: Dover, 1956.

Heath, Royal V. *Mathemagic: Magic, Puzzles, and Games with Numbers*. New York: Dover, 1953.

Joseph, George G. *The Crest of the Peacock: Non-European Roots of Mathematics*. Harmondsworth, U.K.: Penguin, 1991.

Kasner, Edward, and John Newman. *Mathematics and the Imagination*. New York: Simon and Schuster, 1940.

Li, Yen, and Du Shiran. *Chinese Mathematics: A Concise History*. New York: Oxford University Press, 1987.

Pickover, Clifford A. *The Zen of Magic Squares, Circles, and Stars*. Princeton, N.J.: Princeton University Press, 2002.

Simon, William. *Mathematical Magic*. New York: Dover, 1964.

Stewart, Ian. *The Magical Maze: Seeing the World through Mathematical Eyes*. New York: John Wiley & Sons, 1997.

第10章　クレタの迷宮

Boob, P. *The Idea of the Labyrinth*. Ithaca N.Y.: Cornell University Press, 1990.

Fisher, Adrian, and Georg Gerster. *The Art of the Maze*. London: Seven Dials, 2000.

Mathews, W. H. *Mazes and Labyrinths: Their History and Development*. New York: Dover, 1970.

Meehan, A. *Maze Patterns*. New York: Thames and Hudson, 1993.

用語解説

あいまい図形　あるときには何かに見えるが、また別のときには何か別のものに見える図形。

アルゴリズム　問題を解くための規則化された有限の手順で、何度でも使用できる。

位相幾何学（トポロジー）　ある一定の仕方で、曲げたり、ねじったり、伸ばしたり、変形したりしても不変のままである、グラフまたは図形の性質を研究する数学の分野。

一般的な場合　そのカテゴリー全体、あるいは、ある部類またはカテゴリーのすべての要素――すべての点、すべての角、すべての数、など――に言及する場合。

因数　ある与えられた量を余りなく割る2つ以上の量のひとつ。たとえば、$6 = 2 \times 3$ だから、2と3が6の因数である。

鋭角3角形　3つの角すべてが90度より小さい3角形。

演繹（法）　前提を述べてそこから必然的に結論を引き出す推理の過程。一般から特殊へ推理することによる推論。一般的あるいは以前の知識を特殊な問題に適用すること。

オイラーの道（路）　グラフの各辺（線）を1回だけ通る道。

黄金比　（黄金分割としても知られている）。無限小数 $0.6180339\ldots$ である。

横断線　他の直線の組と交わる直線。

階乗　1から、与えられた数までのすべての正整数の積。たとえば、$4! = 4 \times 3 \times 2 \times 1$ である。

解析幾何　座標によって定義された変数への主に代数的演算によって幾何学的な図形や性質を研究する学問。

可換性　数の順序を交換しても結果が変わらないという加法と乗法の性

質：$a + b = b + a$（たとえば、$2 + 3 = 3 + 2$）。$a \times b = b \times a$（たとえば、$2 \times 3 = 3 \times 2$）。

関数　一方の変数がとる各値に対してひとつの値が他方の変数に決定されるように、2つの変数が関係づけられていること。たとえば、$2x = y$では、xがとる各値に対して、ただひとつの値がyにある。したがってyは$2x$の関数である。

完全数　正の整数のうち、その数の約数すべてを足したものに等しい数のこと。たとえば、6は完全数である。その3つの約数は1、2、3（$6 = 1 \times 2 \times 3$）で、これらを全部加えると6になる（$1 + 2 + 3 = 6$）。

キアロスクーロ　明暗法。絵画表現において光と影を使う手法。

幾何学　点、線、角、面、立体などの性質と関係を研究する分野。

幾何数列（等比数列）　各項に同じ因数を乗じて次の項が得られるような数列。たとえば、数列 $\{1, 3, 9, 27, 81, \cdots\}$ は幾何数列である。

基数　4、15、948など、順序でなく個数を示すために計算において用いられる数。

帰納法　何かあることが、もし最初の場合と$n + 1$番目の場合に対して証明されるならば、それは真として確立されうることを証明する過程。

行列　縦（列）と横（行）に記号を並べたもの。

極限　ある関数が近づいてゆく数または点。

組合せ　より大きな集合から、各グループにおける要素の順序を無視して取り出された要素のひとそろい。たとえば、4つの対象（A、B、C、D）の集合から1度に2つの要素を取り出すことによって、AB、AC、AD、BC、BD、CDという6つの要素の組合せがつくり出される。

組合せ論　有限の要素の集合についての計算、グループ分け、および配列を研究する数学の一分野。

クラインの壺　片側だけで内側も外側もない曲面。先細になった管の小さい開いた端をその管の面を貫いて差し込み、それをより大きな開いた端につなげることによってつくられる。

グラフ　頂点、辺、面からなる図形。

グラフ理論　　グラフを研究する数学の分野。

ゲマトリア　　名前における文字の数値の和が人の運命などを予言するのに使うことができるとする古代の解釈法。

公準　　自明であるか単に仮定として唱えられているため、証明を要しない言明。

合成数　　複数の因数からなる整数。たとえば、$4 = 2 \times 2$。

公理　　自明または普遍的に認められた真理。2つの直線はただひとつの点で交わる、など。

錯視　　眼による知覚が客観的な性質と違っていること。視覚における錯覚。

座標系　　2つの交わる軸によって定義された平面における点の体系。

3角数　　$\{1、3、6、10、\cdots\}$ など、3角形の図形として表すことのできる数。

算術（または算数）　　加減乗除によってあらゆるタイプの数を研究する数学の分野。

算術数列　　$\{1、3、5、7、\cdots\}$ のように、各項が前項に定数を加えてつくられた数列。

三段論法　　大前提、小前提および結論からなる演繹的推論のひとつの形式。たとえば、「すべての人間は死すべきものである」（大前提）、「私は人間である」（小前提）、「ゆえに私は死すべきものである」（結論）。

自己言及性　　何かあることがそれ自身に言及すること。

システム分析　　望ましい目標を決める手続きとその目標を達成するための最も有効な方法を調べる研究。

斜辺　　直角3角形において直角に対する辺。

集合論　　集合の性質を調べる研究。

従属変数　　その値が、独立変数がとる値によって決定される変数。

10進数　　10個の数字（0を含む）で構成され、おのおのの位が10ごとの尺度を表す数字。たとえば、2という数字は、25においては20を、250においては200を表す。

順列　要素の順番に関してより大きい集合から取られる要素の並べ方。た とえば、4つの対象の集合（A、B、C、D）から2つの対象の順列をつ くるとすると、1番目の選択では選ぶべき候補は4つあり、2番目の選 択では選ぶべき候補は3つ残されている。つまり、全部で12個の順列 があることにある。

乗根　さまざまに累乗される数。たとえば、3^2における3、また4^3におけ る4など。底ともいわれる。

数列　ある一定の規則に従ってつくられた数（項とよばれる）が並んだも の。たとえば、$\{2、4、6、8、…\}$は各項がひとつまえの項に2を加え てつくられた数列である。

整数　正の自然数 $\{1、2、3、…\}$、負の自然数 $\{-1、-2、-3、…\}$ お よびゼロ（0）からなる集合の要素。

正数　ゼロより大きい数。

素数　それ自身と1以外に因数をもたない正の整数。たとえば、2、3、5、 7、11、…。

素数判定法　何らかの手続きによって、ある数が素数であるかどうかを決 定する方法。

そろばん（算盤）　大昔の中国で発明された、数の値を位置で示すために 用いられた道具。

代数　算数の一般化で、数または特定の数の集合の要素の代わりに記号 （ふつうはアルファベットの文字）を用いる。

多角形　3つ以上の線分で囲まれた、閉じた平面図形（3角形、4辺形、5 角形、…）。

超限数　どんな有限数よりも大きい数。

直角3角形　角のひとつが90度である3角形。

底（てい）　累乗される数（3^2における3や、4^5における4、など）。

定理　明示的な仮定を基礎にして証明されたかあるいは証明されるべき言 明（2つの直線が交わるときにできる2つの対頂角は等しい、など）。

デカルト平面　座標によって記述されたすべての点、または直交する2つ

の直線によって定義された点をもつ平面。

洞察的思考　頭のなかでパズルのさまざまな局面を考え抜いたなかから出てくる洞察のひらめき。

透視画法（遠近法）　3次元空間を眼で見えるように2次元面のうえに描写する手法。

独立変数　その値が他の変数の値を決定する変数。

鈍角3角形　角の1つが鈍角である（90度より大きい）3角形。

濃度　無限集合を数えるために基数（正の整数）を使用することに言及する用語。

背理法　ある命題の不可避的な結論が不条理であることを示すことによって、その命題が誤っていることを示す証明法。

パスカルの3角形　ある行におけるある数がひとつ上の行のすぐ隣の2つの数の和であるように整数を3角形に並べたもの。

パズル数学　パズルの使用を通して基本的な数学的考えを研究する方法。

パズル　自明でない解答を探すよう私たちに挑む問題。

ハミルトン回路　グラフ上のすべての頂点を1回だけ通って始点にもどる道。

パラドクス（逆説、逆理）　受容可能な前提からの妥当な演繹にもとづいていても矛盾に至る主張。

微積分　変化率や、与えられた点での曲線の傾斜、曲線によって囲まれた面積の計算などの概念を研究する数学分野。

ピタゴラスの数（3つ組数）　3、4、5のように、ピタゴラスの定理の式で互いに関係づけられる3つの数の組。

ピタゴラスの定理　直角3角形の斜辺の長さ（c）の2乗は他の2辺の長さ（a, b）の2乗の和に等しいという定理（$a^2 + b^2 = c^2$）。

非平面グラフ　多次元グラフ。

フィボナッチ数　フィボナッチ数列に属する数。

フィボナッチ数列　次々の数がすぐまえ2つの数の和に等しくなっているような数列 {1, 1, 2, 3, 5, 8, 13, 21, …}。

不可能図形　常識に反するように見える図形。

負数　ゼロより小さい値の数。

分数　ある量を別の量でわった結果を示す表現。1/2、2/3、3/4、など。

平方数（2乗数）　{1、4、9、16、…} など、正方形の図形として表すことのできる数。

平面グラフ　2次元グラフ。

べき指数　ある量がそれ自身によって何回乗されるかを示す、小さい右上つきの数字。たとえば、$n^4 = n \times n \times n \times n$ における4。

方程式　2つの表現が等しいことを示す言明で、ふつう左辺と右辺に分けられて等号で結ばれた記号の列として書かれる（たとえば、$x + 3 = 4$）。

魔方陣　どの行、列、対角線の成分の和も同じになるように等しい個数の行と列に並べられた正方形。

魔方陣定数　魔方陣のおのおのの行、列、対角線における数の和。

無限数列　最終要素あるいは最終値をもたない数列。

矛盾律　その不可避の結論が矛盾した結果をもたらすことを示すことによりなされる命題の反証。

無理数　整数として、あるいは2つの整数の比 p/q $(q \neq 0)$ として表現することのできない数。たとえば、$\sqrt{2}$。

迷宮（ラビュリントス）　相互に連結する通路あるいは道からなり、進路を知るのが難しい入り組んだ構造。

命題　ある言明において表現される内容。

メービウスの帯　細長い帯を1回ねじってから他の端と貼り合わせてつくられる連続的な片側しかない曲面。

メタ言語　他の言語を説明するために用いられる言語。

メルセンヌ数　式 $(2^n - 1)$ によってつくられる数。

有理数　分母整数あるいは2個の整数の商で表わせる数。その一般形は p/q $(q \neq 0)$ である。

リュカ数列　2で始まり、各項がすぐまえの2つの数の和である数列 {2、

1、3、4、7、…}。

累乗　同じ数を掛け合わせること。

ローマ数字　おのおのが特定の値をもった7つのアルファベットからつくられる数字。I = 1、V = 5、X = 10、L = 50、C = 100、D = 500、M = 1000。

ロゴス　人間が物事を推論する知性の力のことで、古代ギリシア人はこれを理性と言葉の基礎と考えた。

訳者あとがき

 本書は、*Marcel Danesi, The Liar Paradox and the Towers of Hanoi: the Ten Greatest Math Puzzles of All Time,* John Wiley & Sons, Inc. (2004) の訳である。原題の意味は、「うそつきのパラドクスとハノイの塔のパズル：古今の偉大な10の数学パズル」である。著者のマルセル・ダネージはトロント大学教授で、専門は記号論、言語学、文化人類学である。

 英語では、パズルという言葉はきわめて広範に気軽に使用されている。日本語には正確に「パズル」に該当する言葉はない。広辞苑では「謎解き」「判じもの」とされているが、これらの言葉でもまだ少し限定的である。「パズル」は原義そのままに、単に人を「まごつかせるもの」「ハテナ？と思わせるもの」なら何でもよいのであって、しかも、原則的に、それに対する答はなくてもいいのである。実際、「パズル」においては、「この問題に解はない」というのもその答のひとつなのである。一方、日本では、「答」のないものは問題ではないとして軽んずる一般的風潮があるが（入学試験問題がその典型）、そこからは、新しい分野を開拓してゆこうとする意気ごみが生まれにくいのではないだろうか。

 本書でとりあげられた10の偉大なパズルには、非常に単純なものが選ばれている。これらトップテンのパズルのそれぞれは、ある特定の数学分野を代表するナンバーワンのパズルであり、著者がこれらトップテンにパズルとしてのランク（順位）づけをするようなことを決してしていないのはそのためである。10大パズルは「スフィンクスのなぞ」で始まり、「クレタの迷宮」で終わっている。どちらも古代ギリシア人たちのあいだで伝説として知られていたものであり、彼らがさらに遠い過去（ミュケナイ時代あるいは古代エジプトの時代）から引き継いだ遺産なのである。

「スフィンクスの謎かけ」——スフィンクスがオイディプスに示した謎とは、「朝は4本足、昼は2本足、そして夜には3本足になるものは何か？」という問題であった。これに対してオイディプスは「それは人間だ」と答え、驚愕したスフィンクスは自殺してしまう。しかし、この謎に対する本当の答えは「それはまさにオイディプス自身であった」、というのがギリシア悲劇の名作として名高いソポクレスの『オイディプス王』の隠された主題である。この究極の謎ときの物語は、芸術、文学の部類に属しており、数学パズルの範囲を越えてしまっている（これについての懇切な解説として、吉田敦彦著『オイディプスの謎』（青土社刊）がある）。

「地球から追い出せのパズル」——図形を使ったパズルは、数学嫌いでも容易に取り組むことができる。図形パズルの最も卓抜な着想は、ロイドの「地球から追い出せのパズル」である。実際このパズルの仕掛けを見破るのは至難の業だ。実を言うと、この「地球」は1ページ大に印刷したほうがわかりやすかったと思う。このパズルの卓抜さは、ある長さが実際の長さと違って見える場合のような錯視を利用したのではなく、図形を把握する私たちの能力そのものの限界を利用したことにあるのである。

「ケーニヒスベルクの橋」——オイラー（1707～1783）の「ケーニヒスベルクの橋」のパズルほど素人受けのする（高等）数学の問題はないだろう。実際にはこれが「解けない」パズルだということがわかっていても、本当に一筆書きで7つの橋を渡れないのかどうか、誰でも一度は必ず試してみたくなるのがこの問題のもつ不思議なところなのである。このパズルのどこがそんなに人を引きつけるのか。それは、本書 p.100 の図のような魅力的な地図で示された実在の橋だったからである、というのが私の説である。

ところで、この「ケーニヒスベルクの橋」に似た（？）パズルが、日本にもある。それは、誰もが知っている「一休さんの橋のパズル」だ。「一休さんの橋のパズル」もまた、十分にトポロジー的な問題として扱っていいと思うのだが、私の知る限りでは、そのような説は聞いたことがない。幼児向きの童話の世界だけの話にしておくのはもったいない気がする。なぜなら、一休さんこと一休宗純は、オイラーより300年もまえ、室町中期に実在していた人物なのだから。この一休さんの「橋のパズル」にもいくつかのバージョンがあるが、そ

のうちのひとつは次のようなものである。頭のよいことで有名な小僧の一休さんを1度でも困らせてやろう考えた室町の将軍は、あるとき一計を案じ、一休さんに屋敷へくるように命じた。一休さんはさっそく将軍のお屋敷へ出向いたが、その堀までくると、なんと橋のたもとの立て札に「このはし、わたるべからず」と書いてあるではないか。「ははん、これは、このなぞをとけ、という意味だな」とただちに理解した一休さんは、立て札を無視して堂々と橋を渡ってしまった、という話である。もちろん、一休さんが渡ったのは、「まんなか」であり、「はし（＝端）」ではなかった、というのが答である。端（辺）とか面などの問題は、まさにトポロジー的である。さらに言えば、橋はひとつの帯と見なせるから、この話を「メービウスの帯」（面がひとつ、端がひとつ）あるいは「クラインの壺」（面がひとつ、端がない）が答になるように拡張できないものだろうか？　読者も試してみてはいかがだろうか。

「4色問題」──本書にあげられたパズルのなかで、最も簡単そうで最も難しいのが、ガスリーの「4色問題」の証明だ。4色問題は、各領域には「飛び地」がないとして、隣接する領域が同じ色にならないように4色で塗り分けることができるか、という問題であった。ところで、平成の大合併とやらで飛び地をもった自治体がたくさん生れた。2006年3月末までにそのような自治体の数は全国で14に達するはずだという。とりわけ興味深いのは津軽半島で、3市町の飛び地が互いに隣接して入り組んでいる様子はまことに見ごたえがある。ある県において、飛び地をもつ自治体がn個あるとき、県地図を色分けするには最低何色あればよいだろうか？──ということが果たして青森県で現実的問題になっているのかどうかについては、私は知らない。ちなみに、この回答としては、$(4+n)$色というのが正しいかと思われる。

「クレタの迷宮」──本書10大パズルの最後にあげられている「クレタの迷宮」は、いたって簡単なパズルである。現在の私たちが楽しんでいる「迷路」のような道の枝分かれがない。現代の人間には、どうしてこんな簡単なものがパズルなのか理解できないに違いない。しかし、よく考えてみよう。迷宮は、いったんなかに入れば真っ暗闇で行先が見えないし、方角もわからない。クレタの迷宮の場合には、ミノタウロスの唸り声が反響していたかもしれない。恐れおののいて振り返えるなどすれば、どちらがもときた道でどちらが行先だっ

たのかもわからなくなるだろう。ふつうの人間なら、入口が見えなくなったところで気が狂ってしまうかもしれない。迷宮のなかを前進するにはまさに知力と勇気の双方が必要だったのである。

　本書は、パズルによる数学入門、つまり初学者の手引きとして書かれた数学の解説書である。まえがきによると、著者は、大学で「単位にならない」数学講義の教材をもとにして本書を書いたそうだ。あらかじめ数学的知識をお持ちの読者にとっては、とり上げられている例題がやさしすぎるという意見もあるかもしれない。しかし著者は、本書について、自明の事柄として扱われているものは何ひとつないことを前提として書いた、と言っている。つまり、その気持で私たちも読めばいいのである。きわめて簡単な事柄、たとえば、因数分解とか、ごく初歩的な迷路などが説明してあっても、それは決して読者をあなどったものではなく、長年のダネージ教授の講義経験から出てきた結果なのだと思うべきである（何せ加減乗除が数学の基礎なのだから）。とは言っても、日本の読者にとっては「あまりにも」初歩的ではないかと思われるような説明の部分は、わずかな箇所ではあるが、訳者の判断で割愛した。
　なお、数列や数の並びを表現するに際しては、本書では読みやすさを考慮して、数学書で一般的な「, 」の替わりに、あえてふつうの読点「、」を用いたことを断っておきたい。

　最後に、本訳書の原著を紹介していただいただけでなく、編集作業の労を執っていただいた青土社の西館一郎氏に対し、この場を借りて厚くお礼を申し上げます。

　　2006年2月

　　　　　　　　　　　　　　　　　　　　　　　　　　　　　寺嶋英志

索引

あ 行

アーメス（古代エジプトの筆写人） 210
アイゲウス（アテナイの王） 249
あいまい図形 190, 193, 195
「悪魔」の魔方陣 234
アグリッパ、コルネリウス 224
アッペル、ケネス 129, 130, 135, 142, 144, 146
アラビア記数法 92
アリアドネ 249
アリストテレス 198, 199
アルキメデス 214-16
アルクイン 42, 43
アルクインの「川渡りのパズル」 42-48
アルゴリズム 50, 225-27, 246, 250
「暗黒時代」 68
イオカステ（テーベ王の妃） 17
位相幾何学（トポロジー） 98, 103, 105, 108, 112, 117, 249
イソップ物語 252
一般的な場合（演繹的推論の） 145
印刷機 18
禹（夏の王） 225
ウィトゲンシュタイン、ルートヴィヒ 203
ウィルソン、ロビン 130
ヴェルサイユ宮殿 252
ヴォルテール 19

「うそつきのパラドクス」 197-200, 206, 241
エア、A・J 123
エチメンディ 208
$n^2(n^2+1)$ の公式 228
エピメニデス 199, 200, 209
エピメニデスの「うそつきのパラドクス」 199-202, 208, 216
演繹（法） 20, 22, 36, 130-32, 139, 142
遠近画法 231
オイディプス 15-17, 19
オイラー、レオンハルト 52, 87, 98-100, 102, 103, 105, 108-10, 112, 117
オイラーの「36人の士官のパズル」 98
オイラーの「ケーニヒスベルクの橋」 98-100
オイラーの道 104, 105, 117, 120
黄金比 80, 82, 83, 87, 93
横断線（ユークリッド幾何学の） 131
オルテガ-イ-ガセット、ホセ 247

か 行

カークマン、トマス・ペニントン 52
カークマンの「女生徒のパズル」 51, 52, 64
ガードナー、マーチン 10
解析幾何学 99, 245, 258
ガウス、カール・フリードリヒ 89, 90, 95

確率論　84
ガスリー、フランシス　125
ガスリー、フレデリック　125
ガスリーの「4色問題」　125, 129, 130, 135, 145, 209
ガリレオ・ガリレイ　167, 168
カルダーノ、ジロラモ　50, 156
関数　86, 210, 215, 216, 258
完全数　163, 164
カントール、ゲオルク　166-71
キアロスクーロ効果　190, 191
幾何学　50, 98, 99, 114, 129, 131, 187, 252, 254, 264
幾何数列　95, 150, 153, 161, 162, 211
基数　169, 170
奇頂点（ネットワークの）　101-03
「切ってすべらす」タイプの手品　179, 184
帰納（法）　20, 23, 26, 37, 142, 144, 145
キャロル、ルイス　65, 204, 245, 263
行列（代数の）　52, 98
極限　210-13
キルケゴール、セーレン　97
偶数 ($4n^2$)　139
偶頂点（ネットワークの）　101, 102, 120
組合せ　49, 54, 55, 61, 62
組合せ論　42, 49, 50, 59, 65
「クモとハエのパズル」　254, 264
クライン、フェリックス　106, 107
クラインの壺　106, 147
グラフ（の定義）　104
グラフ理論　98, 101, 103, 104, 112, 117
クリュシッポス（ソロイの）　203
クレタの迷宮　248-51
ゲーデル、クルト　205-07, 209
ゲームの流行　19
ケーリー、アーサー　129

ケストラー、アーサー　223
決定不可能性　202-04
ゲマトリア　242
ケンプ、アーサー・ブレイ　129
項（数列の）　157, 163
公準　128
合成数　10, 79, 80, 132-34
公理　128
ゴルドバッハの予想　209
コンピュータによる証明　130

さ　行

再配列パズル　181, 184, 185, 193
錯視　189, 192, 193, 195, 231
座標幾何学　252
サムソン（聖書のなかの人物）　16
サルゴン2世（バビロニアの王）　242
3角数　259, 264
算術数列　89, 95, 151, 152
三段論法（アリストテレスの）　198
3等分（幾何学における）　113, 114, 213
GIMPS　166
自己言及性　202, 203, 205, 207
システム分析　52
実数　88
シムソン、ロバート　80
シャルトル大聖堂（フランス）　252
シャルルマーニュ（神聖ローマ帝国皇帝）　42, 43
シャレード（パントマイム）　19
集合論　167
従属変数　215
ジュールダン、P・E・B　201
10進法　73, 91-93, 226
順列　55, 57-59, 61
乗根（底）　157
乗法（べき指数の）　27, 154

証明法　125, 128, 130, 135, 169
除法（割り算）（べき指数をもつ数の）　27, 154
ジラール、アルベール　80
シルヴェステル2世（ローマ教皇）　72
数のタイプ　88
数秘学　217, 224, 243
数列　78, 80, 83, 84, 87-89, 95, 144, 151, 153, 167
「スフィンクスのなぞ」　15, 27, 28, 35
スマリヤン、レイモンド　10, 206
聖アウグスティヌス　164
切断　184, 187
ゼノン（エレアの）　132, 198, 199, 210
ソクラテス　177, 198
素数　79, 80, 132, 133, 163-66, 209, 210
ソフィスト　198, 199
ソポクレス　15
そろばん（算盤）　70, 71
ソロモン（聖書のなかの王）　18
ソンダーズ、リチャード（B・フランクリン）　19

た　行

代数学　98, 99, 114, 256
「大スフィンクス」（エジプト）　14
ダイダロス　250
「大迷宮」（エジプト）　253
多角形　23-26, 213, 215
タルスキー、アルフレッド　204, 205
タルターリア、ニコロ・フォンタナ　48, 50, 63
地図づくり（地図作成）　124, 125
超限数　88, 171, 173, 176
頂点　100-03, 109-12, 120
ツェルナー、ヨハン　179
テアノ　259

ディラック、ポール　86
定理　20, 22, 62, 63, 117, 128, 129, 131, 132, 145, 184
底（てい）　157
デヴリン、キース　7
デカルト、ルネ　254, 255, 259
デカルト平面　255
テセウス　249
デュードニー、ヘンリー　50, 245
デューラー、アルブレヒト　50, 231
トウェーン、マーク　13
ド・モルガン　125, 128, 129
洞察的思考　15, 20, 17-29, 35, 38, 125
独立変数　215

な　行

ナヴァホ族　252
なぞなぞの流行　18, 19
ニッケル、ローラ　166
ニュートン、アイザック　211, 212
ネットワーク　100-03, 112, 117, 252
ノル、カート・ランドン　166

は　行

バークリー、ジョージ　212
ハーケン、ヴォルフガング　129, 130, 146
バーコフ、デーヴィッド　129
パース、チャールズ・S　145, 146
バーワイズ、ジョン　208
背理法　132, 138, 142
パスカル、ブレーズ　84
パスカルの3角形　84, 85
パズル（言葉の起源）　7
パズル（の定義）　7
ハックスリー、オールダス　67
ハッリカーン、イブン　162, 164, 165
ハミルトン、ウィリアム・ローワン　104,

105
ハミルトン回路　104, 105
パラドクス　197-203, 209-12, 217
ハンプトンコート　250
微積分法　199, 212, 216
ピタゴラス　62, 63, 136
ピタゴラスの数（3つ組数）　260
ピタゴラスの定理　63, 137, 145, 252, 254, 261
ピタゴラス学派　63, 93, 138, 213, 242, 259, 260
ビネー、ジャック　87
非平面グラフ　104
ヒラム（聖書に出てくる王）　18
フィボナッチ、レオナルド　72, 73
フィボナッチの「ウサギのパズル」　73
フィボナッチ数　78, 85-87, 92, 187, 242, 243
フィボナッチ数列　78, 80-85, 87, 92, 93, 187, 242
フーパー、ウィリアム　179
不可能図形　191, 193
不可能性　103, 112, 115, 116, 119, 122
複素数　88
プトレマイオス1世　129
負の数　87, 88
フランクリン、フィリップ　129
フランクリン、ベンジャミン　19, 234, 235
ブルソー、アルフレッド　81
ブルネレスキ、フィリッポ　191
フレーゲ、ゴットロープ　203
プロタゴラス　199
分数　59, 73, 88, 138, 139, 141, 142, 170, 176
分銅のパズル　32-35
ヘイウッド、パーシー・ジョン　129
平方数（2乗数）　167, 259, 264

平面的グラフ　104, 110
べき指数　33, 154, 155, 157, 160
ヘッセ、ヘルマン　173
ヘラクレイトス　217
ベルヌーイ、ヨハン　99
ペンローズ、L・S　192
ペンローズ、ロジャー　192
ホヴァネック、ヘリーン　31
方程式（の定義）　0, 11, 20
ボードレール、シャルル　149
ボール、W・W・ラウズ　10
ホガート、ヴァーン・エミル　80
ポリュボス（コリントの王）　17
ホワイトヘッド、アルフレッド・ノース　204

ま 行

「魔術」の数のパターン　231
「魔方陣」　224-46
魔方陣定数　226-29, 234, 235, 237, 244-46
ミケランジェロ　93
ミノス（クレタの王）　248, 249
ミノタウロス　248, 249
ミュラー‐リエル錯視　189
無限　166, 167, 173
無限数列　78, 167
矛盾（矛盾律）　138, 142, 147
無理数　88, 138
命数法　242
命題　203-05
迷路　248-50, 252, 259, 261
メービウス、アウグスト・フェルディナント　107
メービウスの帯　106, 108
メジラック、クロード-ガスパル・バシェ・ドゥ　32
メタ言語　203, 204

メルセンヌ、マラン　165
メルセンヌ素数　163, 165, 166
モスコプロス、マヌエル　224
問題の解法と戦略　20

や　行

約分　139
ユークリッド　128, 129, 132-35, 138, 139, 142, 164, 165
ユークリッドの方法　130
ユークリッド的な証明の方法　129, 130
有理数　88
「ヨセフスのパズル」　51, 52

ら　行

ライオス（テーベの王）　17
ライプニッツ、ゴトフリート・ヴィルヘルム　62, 211, 212
「洛書の魔方陣」　242
ラッセル、バートランド　202-04
ラビュリントス（クレタの迷宮）　248
リューテルスヴェード、オスカー　192

リュカ、エドゥアール・アナトール　80, 150, 151
リュカの「ハノイの塔のパズル」　150-55
リュカ数列　80
量子力学　86
リンド、A・ヘンリー　212
「リンド・パピルス」　212, 213
累乗（べき）　34, 69, 71, 157, 168
ルビン、エドガー　191
ルベール、シモン・ドゥ・ラ　237
レオナルド・ダ・ヴィンチ　93
ロイド、サム　49, 116, 117
ロイドの「15のパズル」　178
ロイドの「地球から追い出せのパズル」　178-82, 193
ローマ数字　69
論理（学）　10, 43, 132, 198-203, 210
論理パズル　217

わ　行

ワイルド、オスカー　197

THE LIAR PARADOX AND THE TOWERS OF HANOI
The Ten Greatest Math Puzzles of All Time
by Marcel Danesi
Copyright © 2004 by Marcel Danesi
All Rights Reserved. This translation published under license from
John Wiley & Sons International Righs, Inc.
through The English Agency (Japan) Ltd.

世界でもっとも美しい10の数学パズル

2006年3月15日　第1刷発行
2007年8月20日　第4刷発行

著者──マーセル・ダネージ
訳者──寺嶋英志

発行者──清水一人
発行所──青土社
東京都千代田区神田神保町1-29 市瀬ビル　〒101-0051
電話03-3291-9831(編集)　3294-7829(営業)

本文印刷──ディグ
表紙印刷──方英社
製本──小泉製本

装幀──松田行正

ISBN 4-7917-6255-X　　Printed in Japan